Male für jede Seite, die du bearbeitet hast, einen Stern aus.

Viel Freude!

W0327545

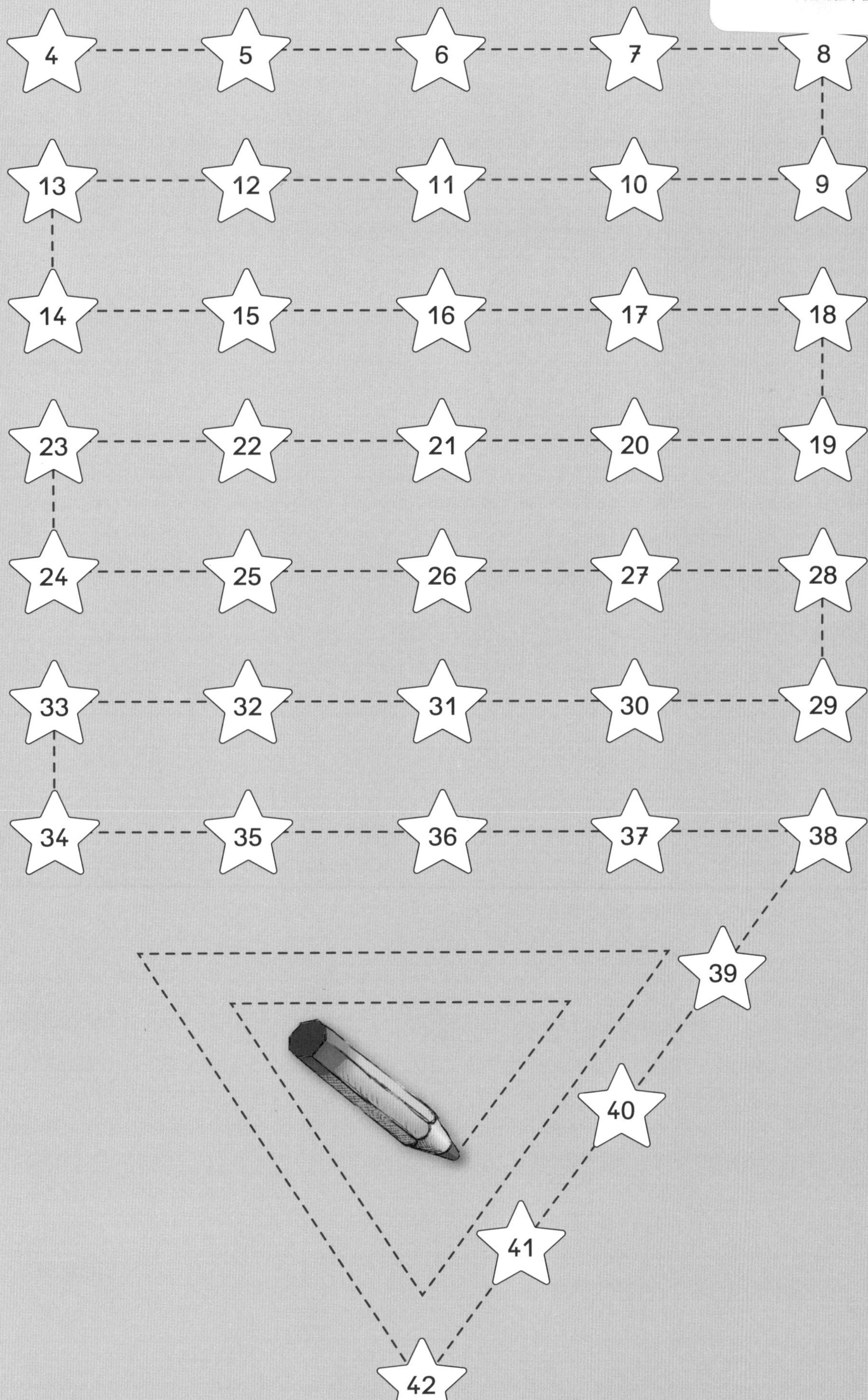

Wie heißen die Flächen?

Dr ____________ ____________ ____________ ____________

Ordne zu!

Trapez

Drachen

Raute

Parallelogramm

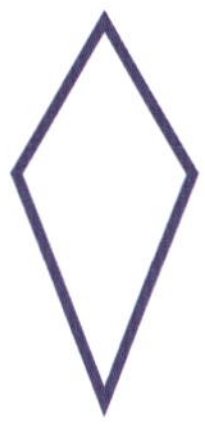

____________ P ____________

T ____________ R ____________

Schau dir alle acht Flächen von oben genau an! Was trifft zu?

Finde 3!

Alle Seiten sind gleich lang.

Das sind ____________

Finde 4!

Die sich gegenüberliegenden Seiten sind parallel und gleich lang.

Das sind ____________

Finde 3!

Keine Seite ist parallel zu einer anderen.

Das sind ____________

Finde 1!

Nur zwei gegenüberliegende Seiten sind parallel.

Das ist ____________

© sternchenverlag Gmb

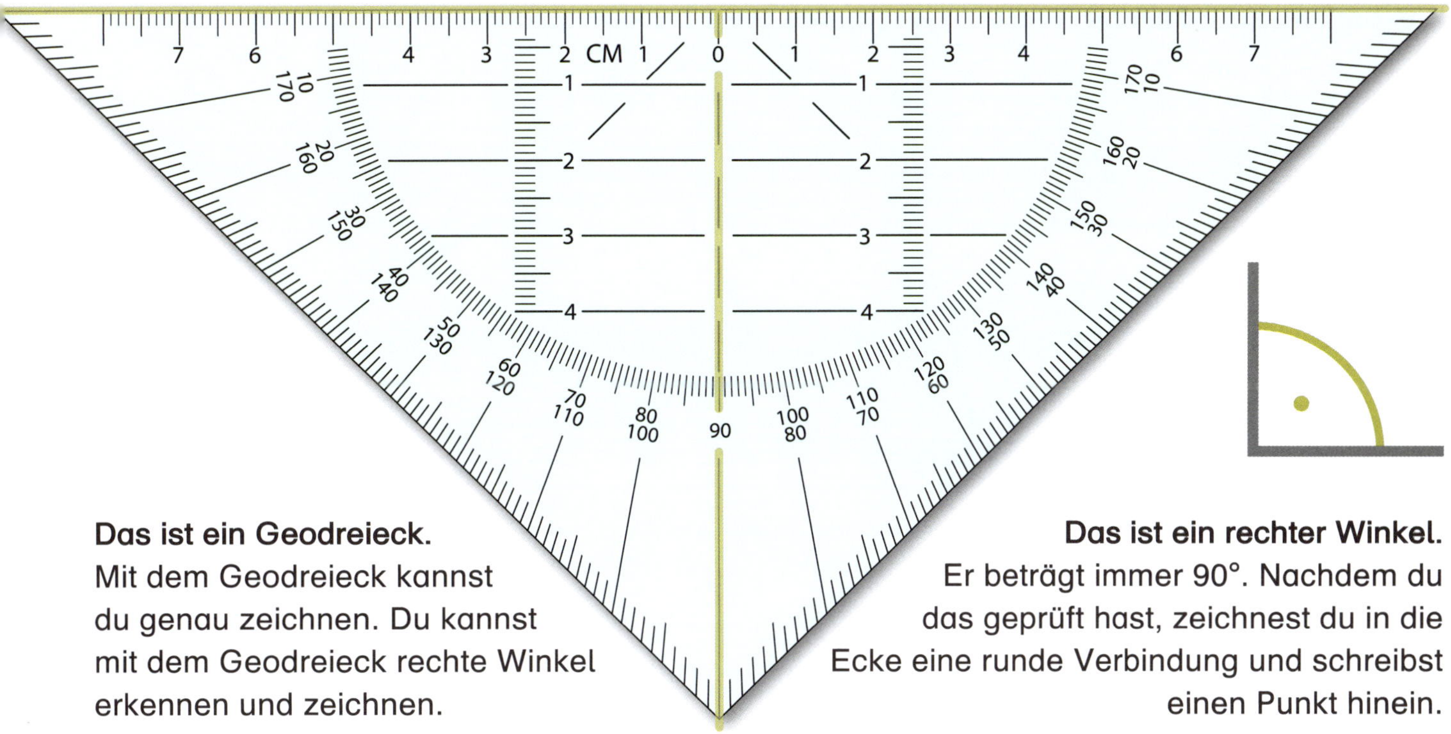

Das ist ein Geodreieck.
Mit dem Geodreieck kannst du genau zeichnen. Du kannst mit dem Geodreieck rechte Winkel erkennen und zeichnen.

☐ gelesen und verstanden

Das ist ein rechter Winkel.
Er beträgt immer 90°. Nachdem du das geprüft hast, zeichnest du in die Ecke eine runde Verbindung und schreibst einen Punkt hinein.

☐ gelesen und verstanden

Überprüfe, wo rechte Winkel sind und kennzeichne sie. Lege das Geodreieck mit der 0 an eine Ecke und eine Gerade.

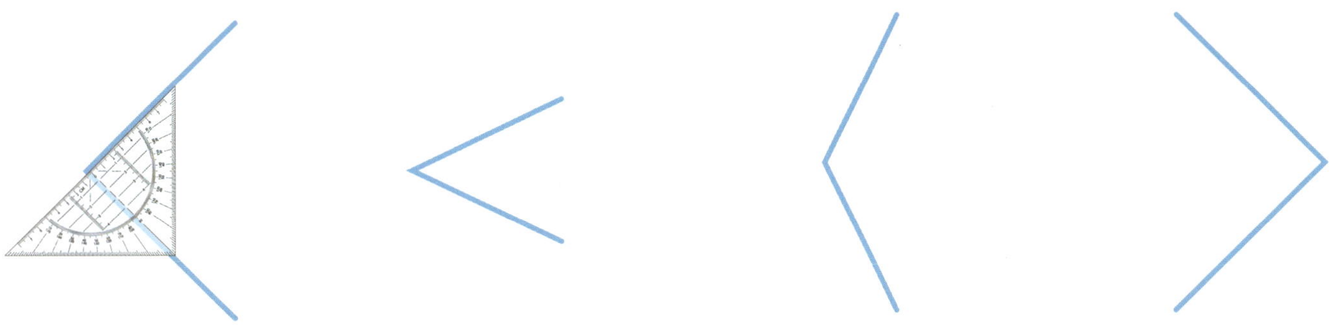

☐ ja ☐ nein ☐ ja ☐ nein ☐ ja ☐ nein ☐ ja ☐ nein

Wo findest du hier rechte Winkel? Kennzeichne sie!

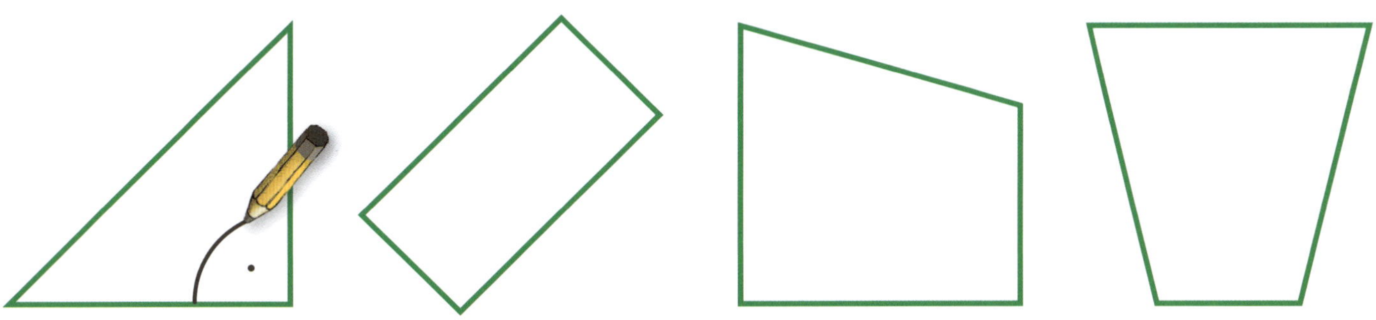

Hast du 7 rechte Winkel gefunden? ja ☐ nein ☐

Kennzeichne alle rechten Winkel. Prüfe genau mit dem Geodreieck!

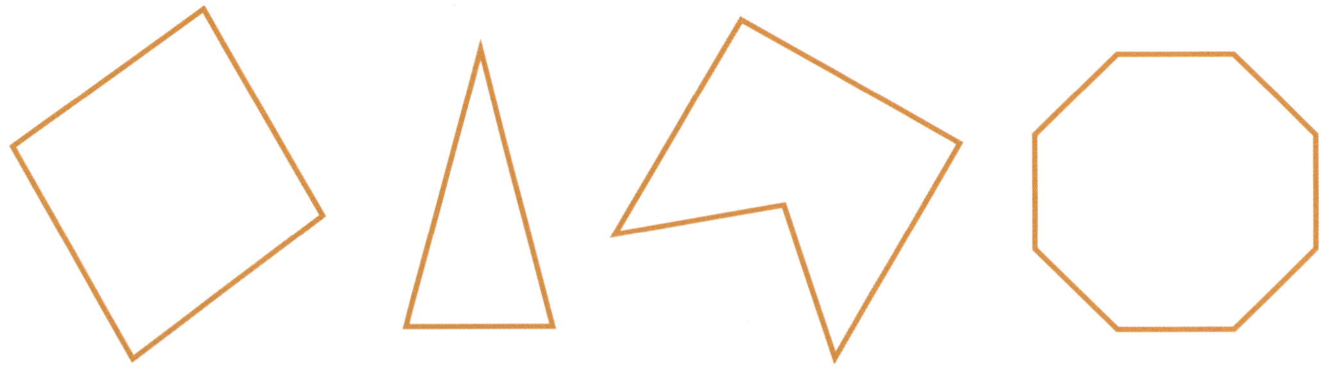

Hast du 2 rechte Winkel gefunden? ja ☐ nein ☐

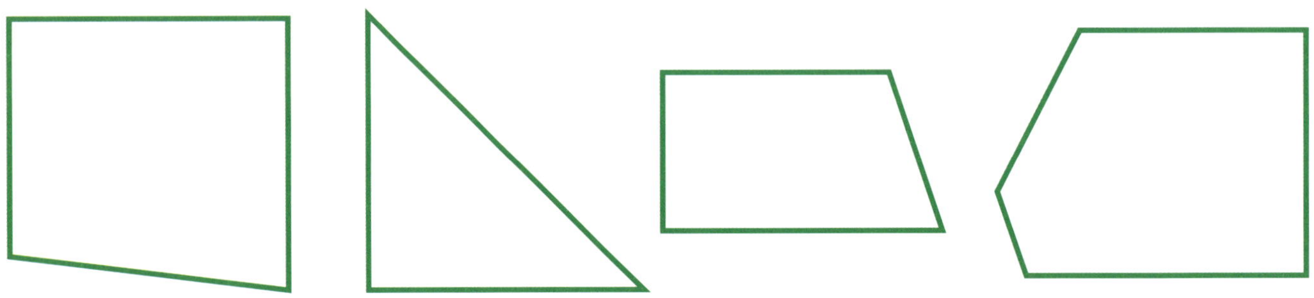

Hast du 7 rechte Winkel gefunden? ja ☐ nein ☐

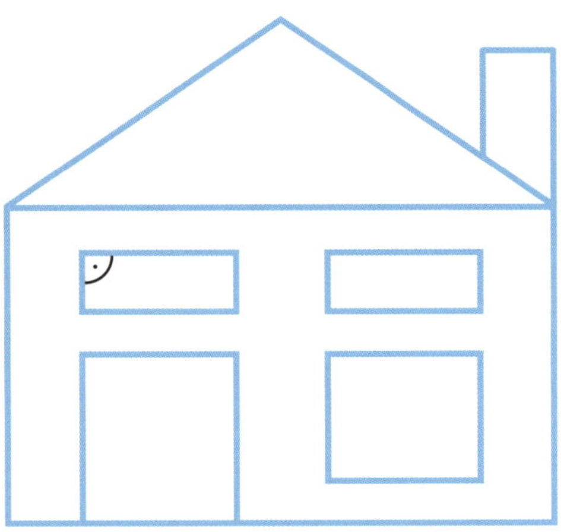

Hast du 24 rechte Winkel gefunden? ja ☐ nein ☐

Hast du 41 rechte Winkel gefunden? ja ☐ nein ☐

© sternchenverlag Gm

Auf dem Geodreieck befinden sich **parallele Linien**. Sie helfen dir dabei Geraden parallel zu zeichnen.

Lies unten!

ENDE

ANFANG

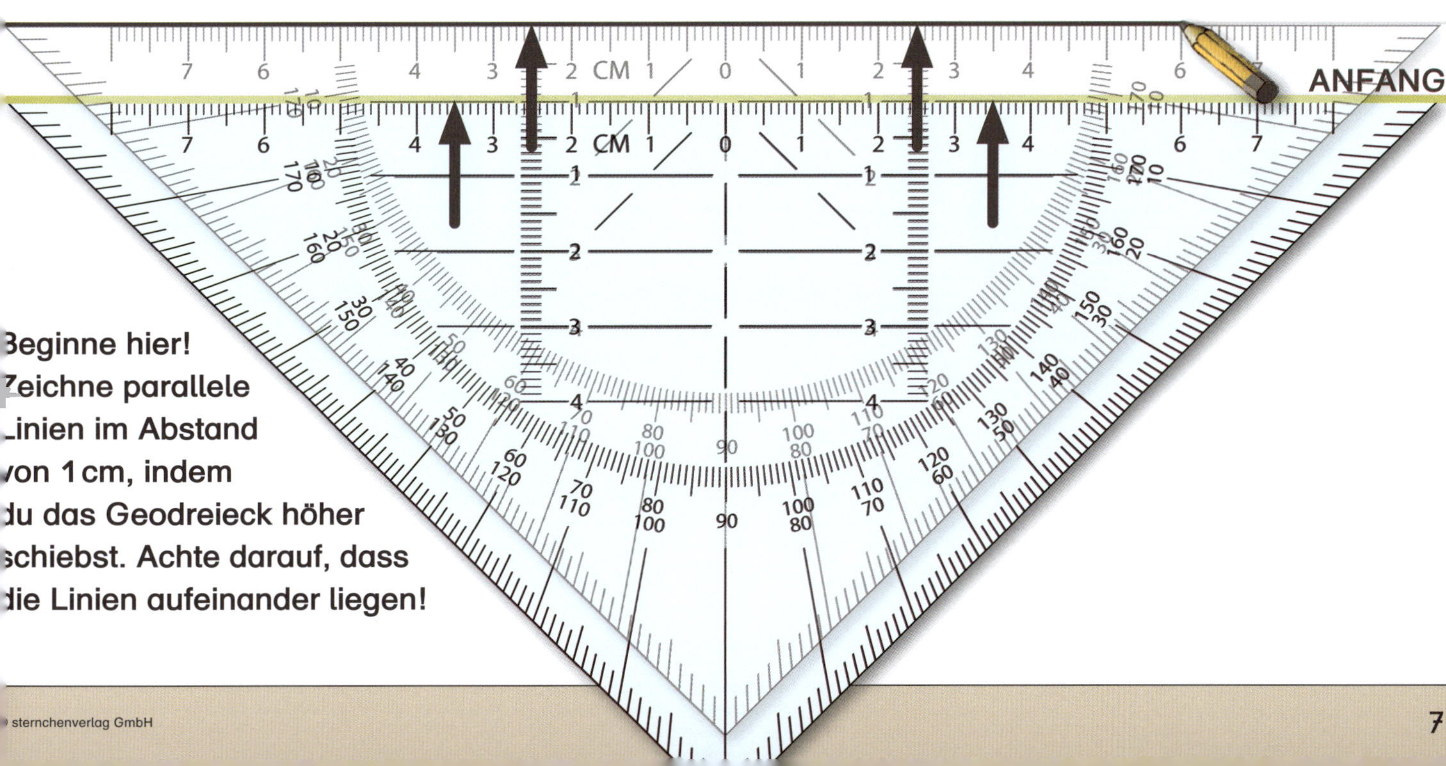

**Beginne hier!
Zeichne parallele Linien im Abstand von 1 cm, indem du das Geodreieck höher schiebst. Achte darauf, dass die Linien aufeinander liegen!**

© sternchenverlag GmbH

Zeichne drei parallele Geraden im Abstand von 3 cm!

Beginne hier!

Zeichne vier parallele Geraden im Abstand von 2,3 cm!

Beginne hier!

Zeichne fünf parallele Geraden im Abstand von 1,7 cm!

Beginne hier!

© sternchenverlag GmbH

Nutze das Geodreieck!

Zeichne die Leiter weiter!

Zeichne das Spinnennetz weiter! Überlege genau, wie du das Geodreieck anlegst.

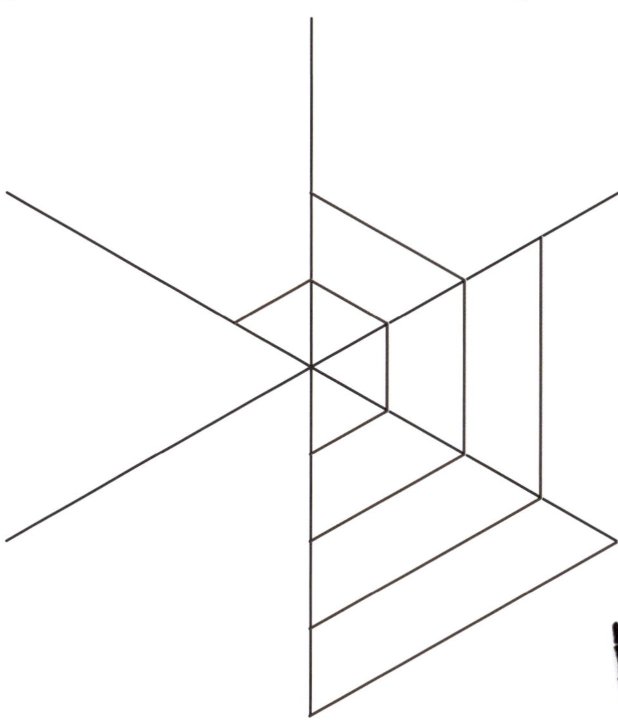

Zeichne Quadrate mit 2, 3, 4 und 6 cm Seiten!

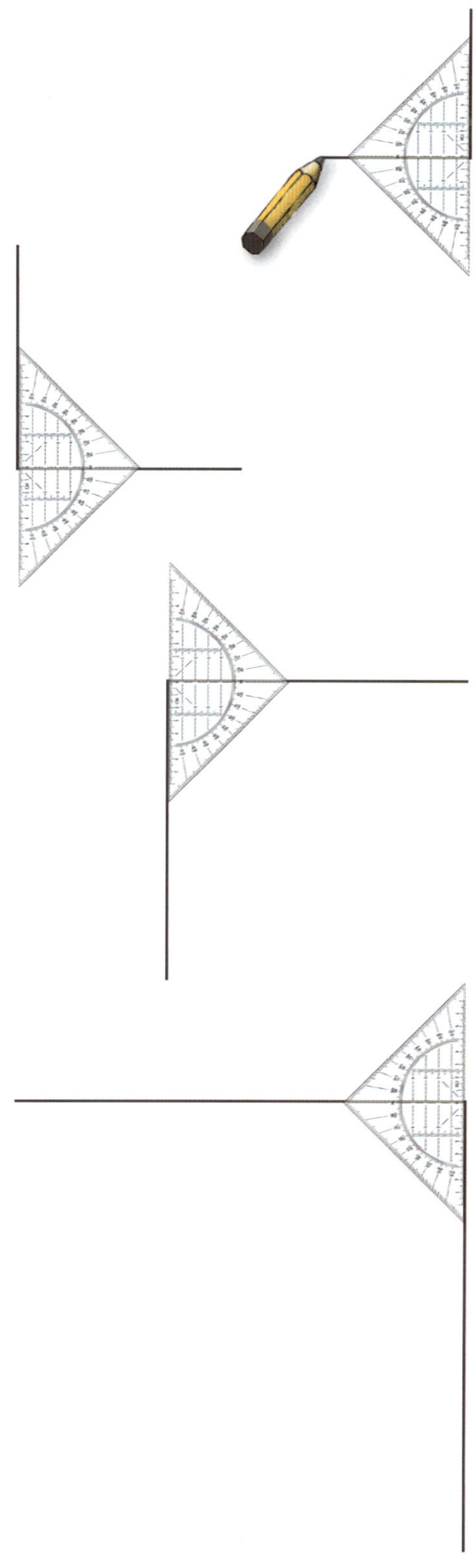

Magst du Spinnen? ja ☐ nein ☐

© sternchenverlag GmbH

Zeichne die Rechtecke fertig! Nutze immer das Geodreieck! Kennzeichne die rechten Winkel!

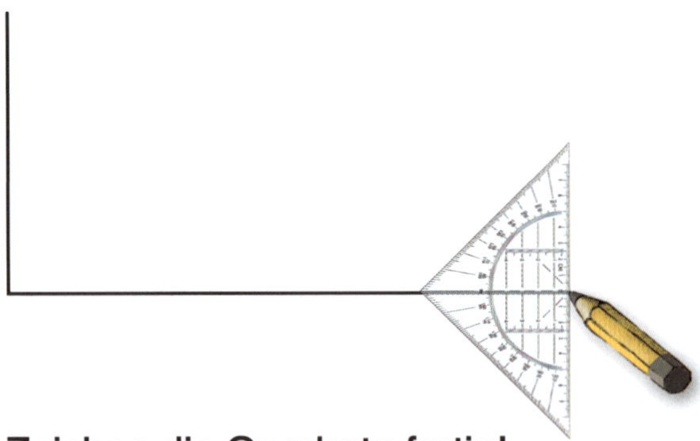

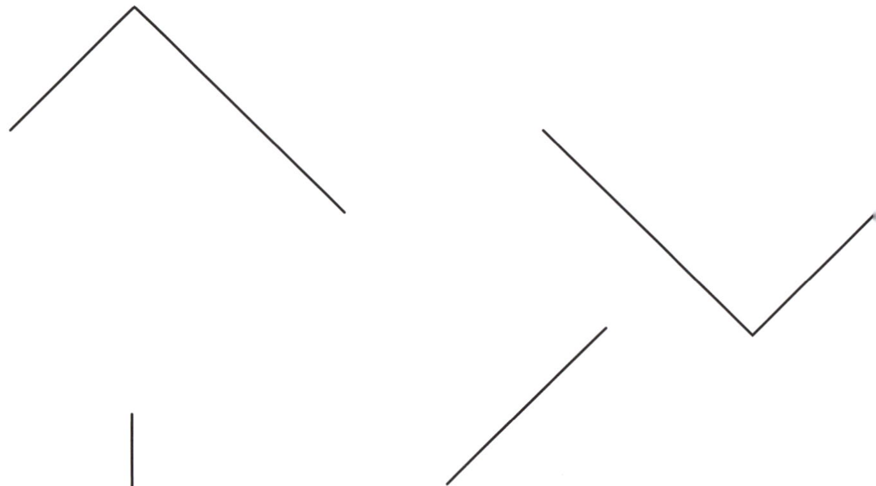

Zeichne die Quadrate fertig!

Zeichne die Figuren ab! Kennzeichne rechte Winkel!

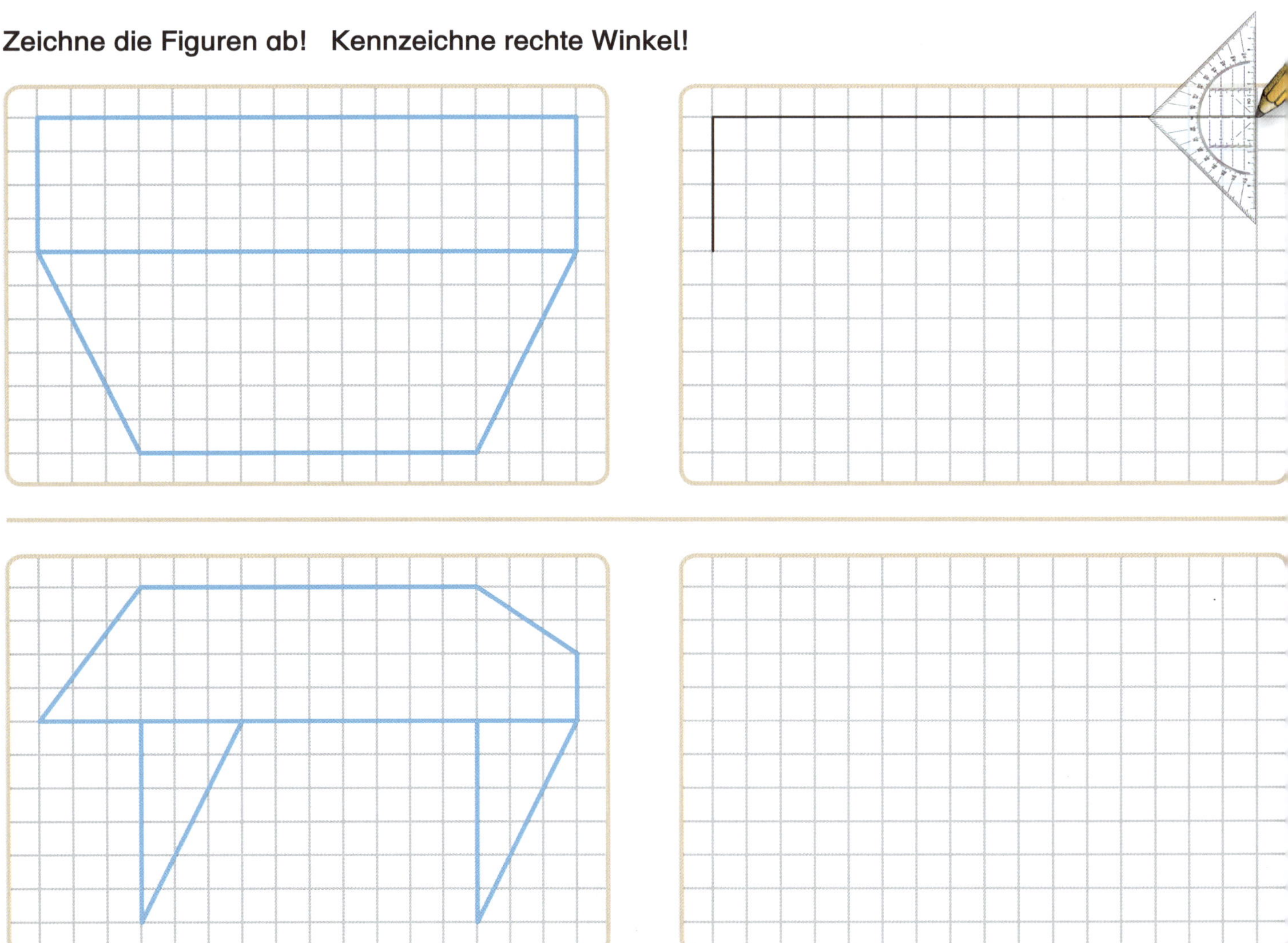

Gefällt dir dein Zimmer? ja ☐ nein ☐

© sternchenverlag GmbH

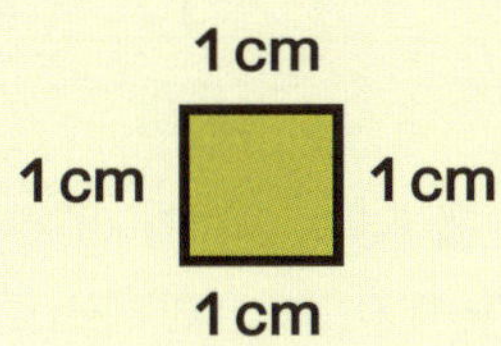

Das ist ein **Zentimeterquadrat** = **1 cm²**.
Jede Seite ist **1 cm** lang.

Mit einem **Zentimeterquadrat** findest du heraus, wie groß der **Flächeninhalt** ist.

Zeichne mit dem Geodreieck die Zentimeterquadrate ein und zähle! Schraffiere sie farbig!

= 9 Zentimeterquadrate
= 9 cm²

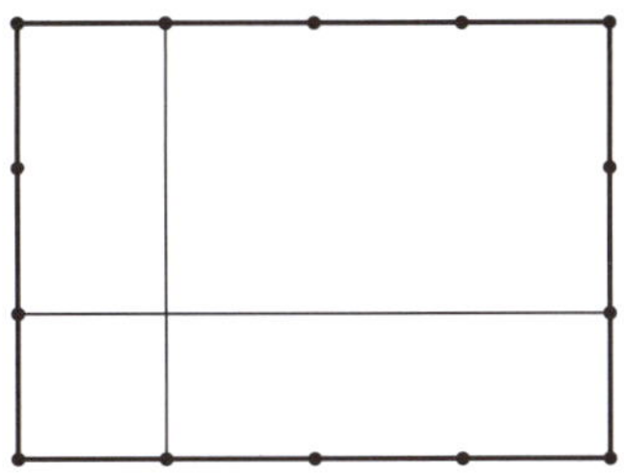

= ____ Zentimeterquadrate
= ____

= ____ Zentimeterquadrate
= ____

Mache dir wie oben Verbindungspunkte, die immer 1 cm auseinander liegen!

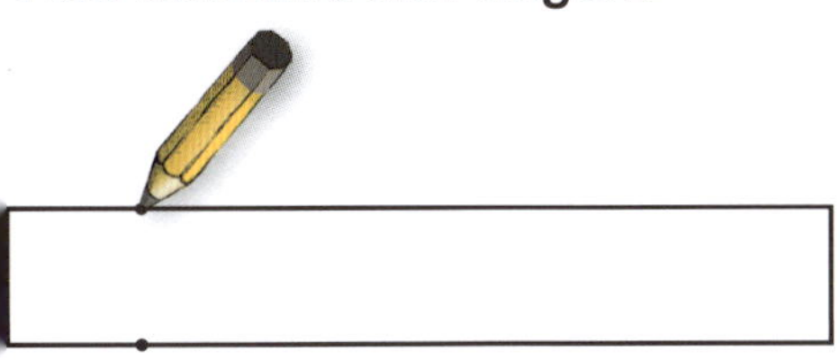

= ____ Zentimeterquadrate
= ____

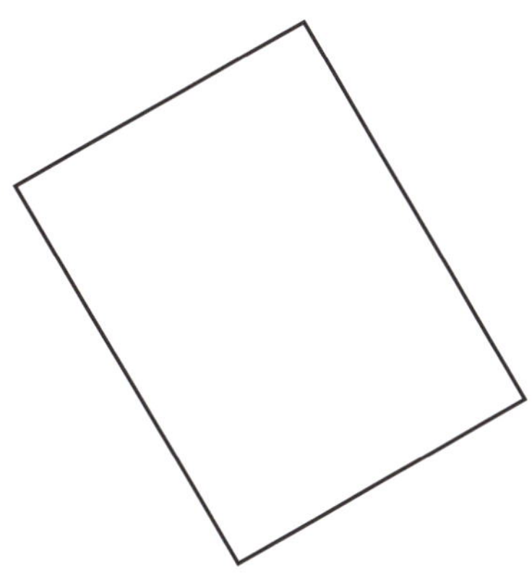

= ____ Zentimeterquadrate
= ____

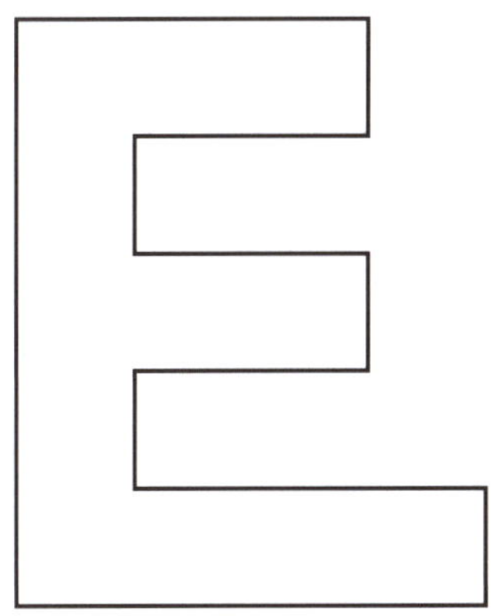

= ____ Zentimeterquadrate
= ____

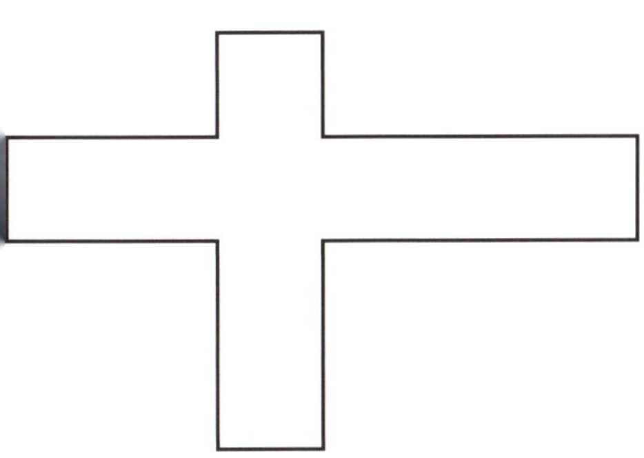

= ____ Zentimeterquadrate
= ____

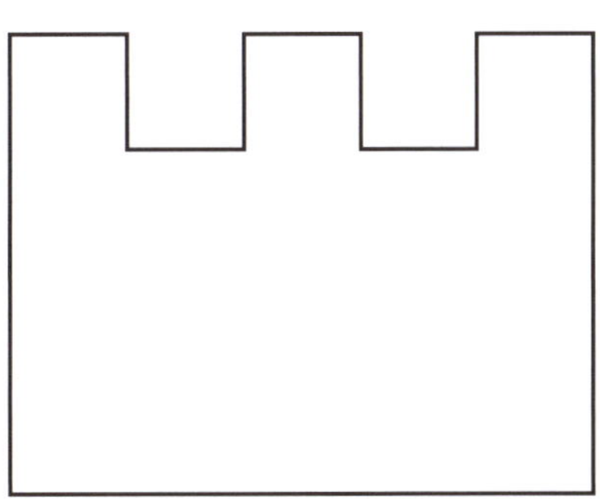

= ____ Zentimeterquadrate
= ____

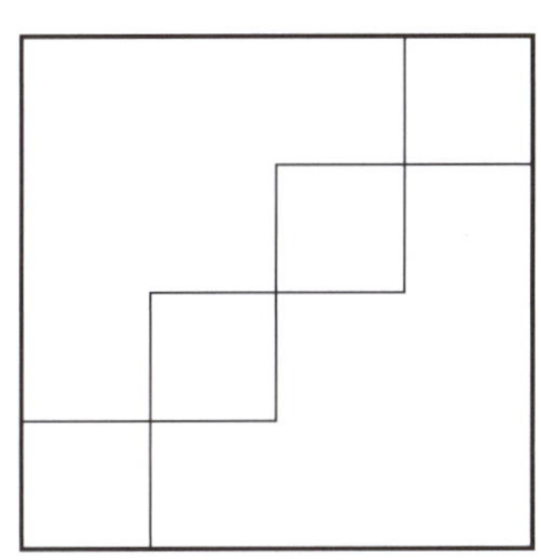

= ____ Zentimeterquadrate
= ____

© sternchenverlag GmbH

Zeichne die Zentimeterquadrate ein!

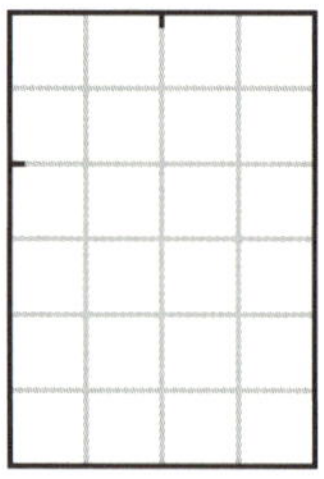

Wie viele Zentimeterquadrate passen in das Rechteck?

____

2 Kästchen entsprechen **1 cm Länge**!
4 Kästchen entsprechen **1 Quadratzentimeter**!

= ☐ cm

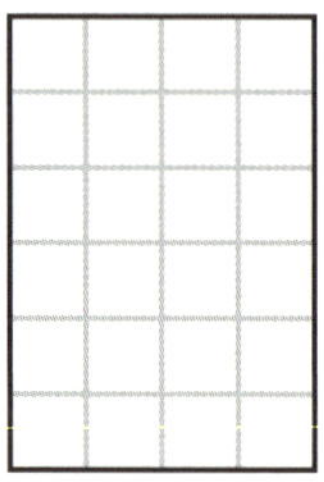

= ☐ cm

Miss die beiden Seitenlängen!

☐ cm und ☐ cm

Multipliziere die beiden Seitenlängen!

☐ cm • ☐ cm = ☐ cm^2

Was stellst du fest?

Du kannst also den Flächeninhalt berechnen, indem du die beiden Seitenlängen multiplizierst.

Übe nun!

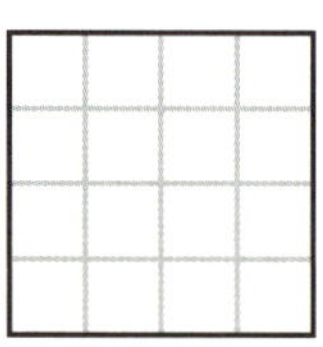

2 cm • 2 cm = 4 cm^2

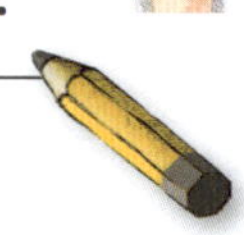

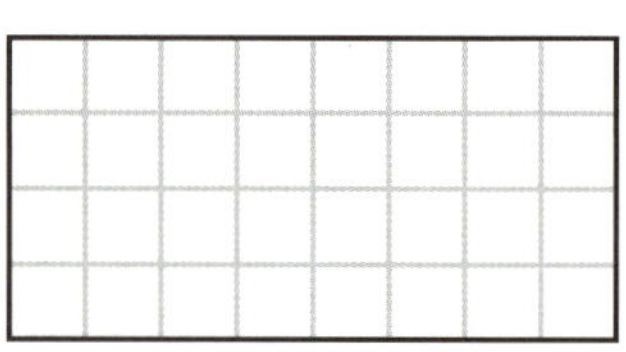

☐ ______ • ☐ ______ = ☐ ______

☐ ______ • ☐ ______ = ☐ ______

© sternchenverlag GmbH

Der Umfang ist die Länge der Linien um die Fläche.

Zum Beispiel: Der Zaun um ein Grundstück

Du musst die Seitenlängen addieren.

= 3 cm

= 2 cm 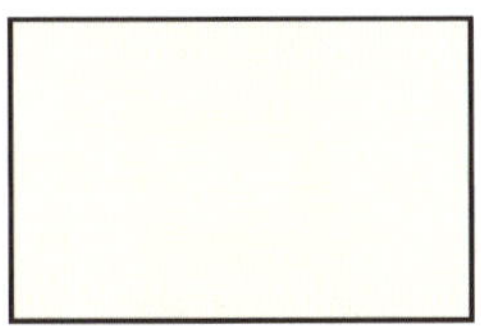 = 2 cm

= 3 cm

Miss die vier Seitenlängen!

2 cm, 3 cm, 2 cm und 3 cm

Addiere die vier Seitenlängen!

2 cm + 3 cm + 2 cm + 3 cm = 10 cm

Umfang: ☐ cm

Übe nun!

= ☐ cm

= ☐ cm 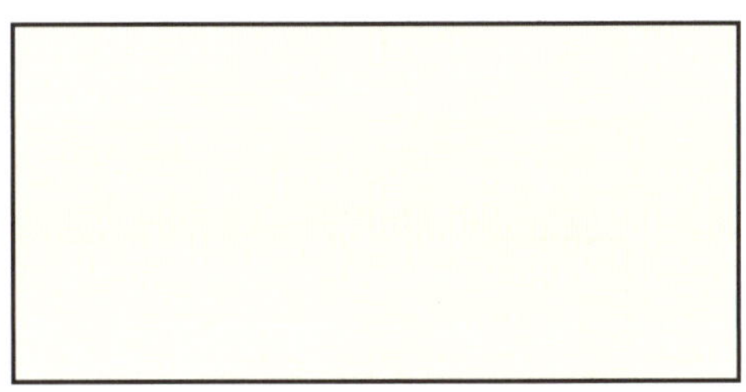 = ☐ cm

= ☐ cm

☐ cm + ☐ cm + ☐ cm + ☐ cm = ☐ cm

Umfang: ☐ cm

= ☐ cm

= ☐ cm

= ☐ cm 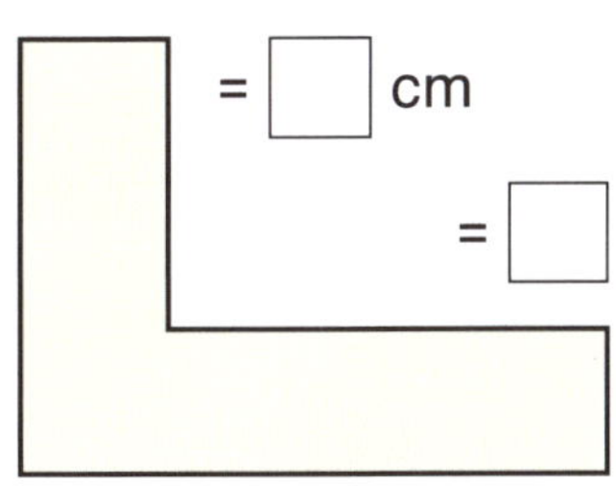 = ☐ cm

= ☐ cm

= ☐ cm

☐ cm + ☐ cm + ☐ cm + ☐ cm + ☐ cm + ☐ cm = ☐ cm

Umfang: ☐ cm

© sternchenverlag GmbH

Wie groß ist der Flächeninhalt dieser Flächen? Und wie groß ist der Umfang?
Zeichne Hilfslinien ein!

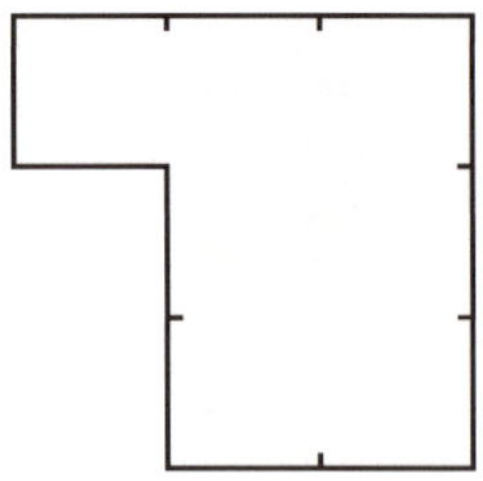

Fläche: 7 cm²

Umfang:

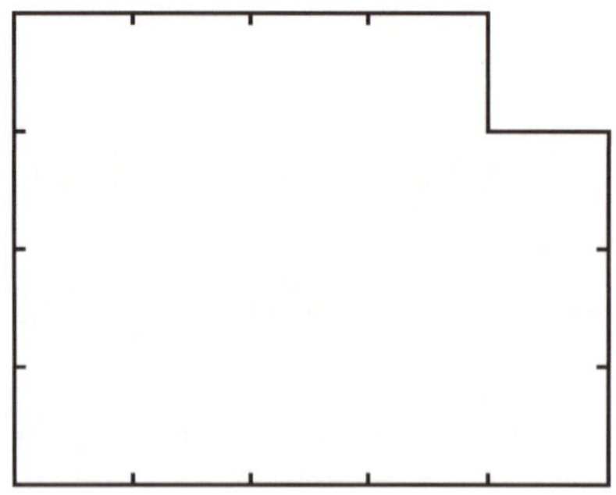

Fläche:

Umfang:

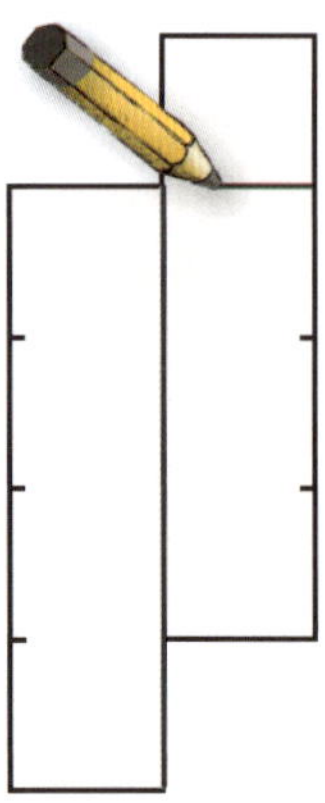

Fläche:

Umfang:

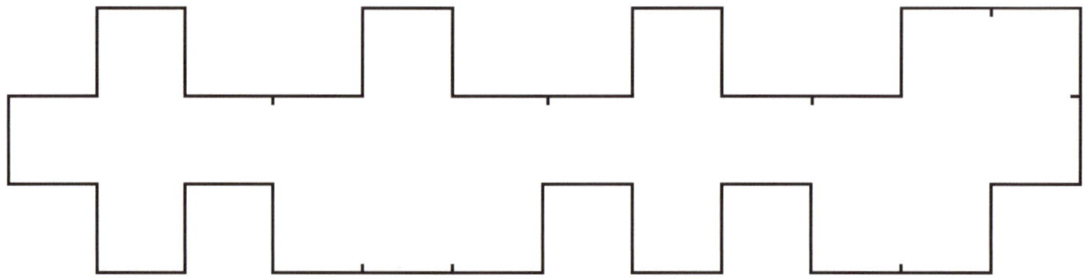

Fläche:

Umfang:

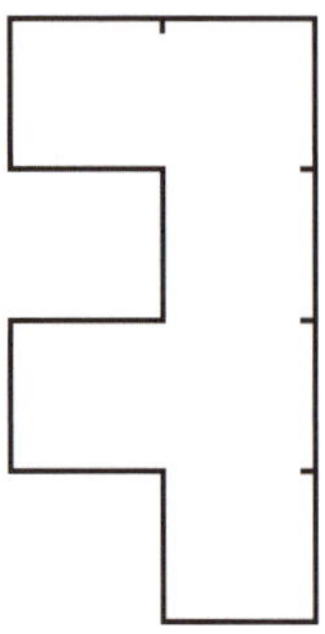

Fläche:

Umfang:

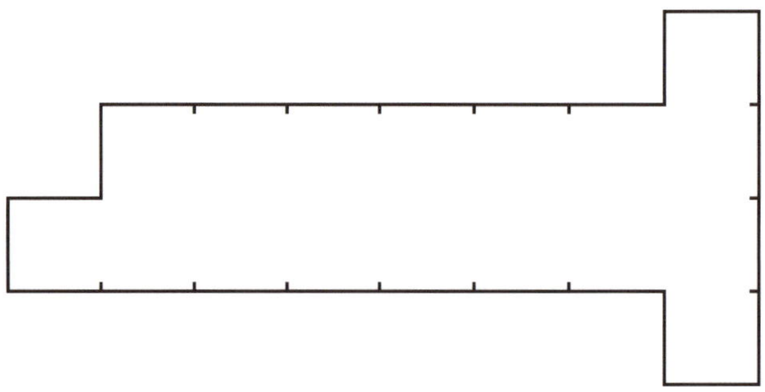

Fläche:

Umfang:

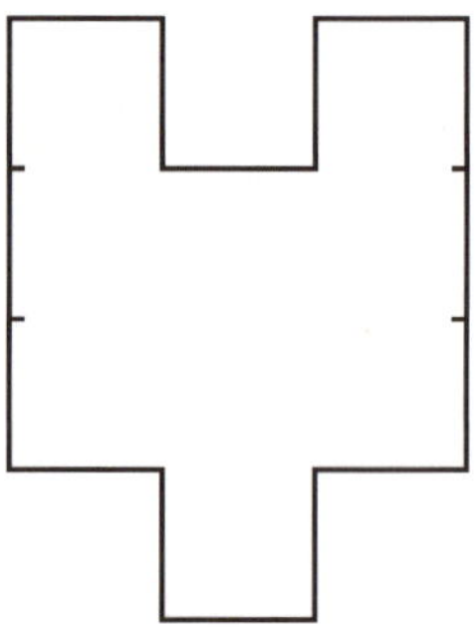

Fläche:

Umfang:

© sternchenverlag GmbH

Im Zoo müssen die Tiere eingezäunt werden. **Wie viele Meter Zaun werden benötigt?**
Wie viel Quadratmeter Wiese haben die Tiere?

20 m

30 m

100 m Zaun

Die Giraffen haben

_______ m^2 Wiese.

20 m

35 m

_______ m Zaun

Die Löwen haben

_______ m^2 Wiese.

30 m

40 m

_______ m Zaun

Die Elefanten haben

_______ m^2 Wiese.

Hast du den Unterschied zwischen **Flächeninhalt** und **Umfang** verstanden? ja ☐ nein ☐

Zeichne dein Zimmer.
Es ist **4** mal **3,20 m** lang.

Mache eine Zeichnung dazu!

1 m entspricht in der Zeichnung **1 cm**.

Wie groß ist der **Flächeninhalt** deines Zimmers?

____

Wie groß ist der **Umfang** deines Zimmers?

____

Gefällt dir dein Zimmer? ja ☐ nein ☐

© sternchenverlag GmbH

Lösungen: ~~100~~; 1200; 14,40; 110; 600; 12,80; 700; 140

Planquadrate nützen dir, um dich auf einer Karte zu orientieren.

Der Apfel liegt im Planquadrat A 1

Die Birne liegt im Planquadrat ☐ ☐

Die Bananen liegen im Planquadrat ☐ ☐

Die Kirsche liegt im Planquadrat ☐ ☐

Nenne immer erst den Buchstaben!

	1	2	3	4	5	6	7	8	9	10
A	✚								✦	
B						✤				
C		♠								
D				✱				★		
E							✖			
F		✳							▲	
G					●					
H							◆			
I			♣							
J	♥								♦	

✚ A 1 ✳ ☐ ☐
✦ ☐ ☐ ▲ ☐ ☐
✤ ☐ ☐ ● ☐ ☐
♠ ☐ ☐ ◆ ☐ ☐
✱ ☐ ☐ ♣ ☐ ☐
★ ☐ ☐ ♥ ☐ ☐
✖ ☐ ☐ ♦ ☐ ☐

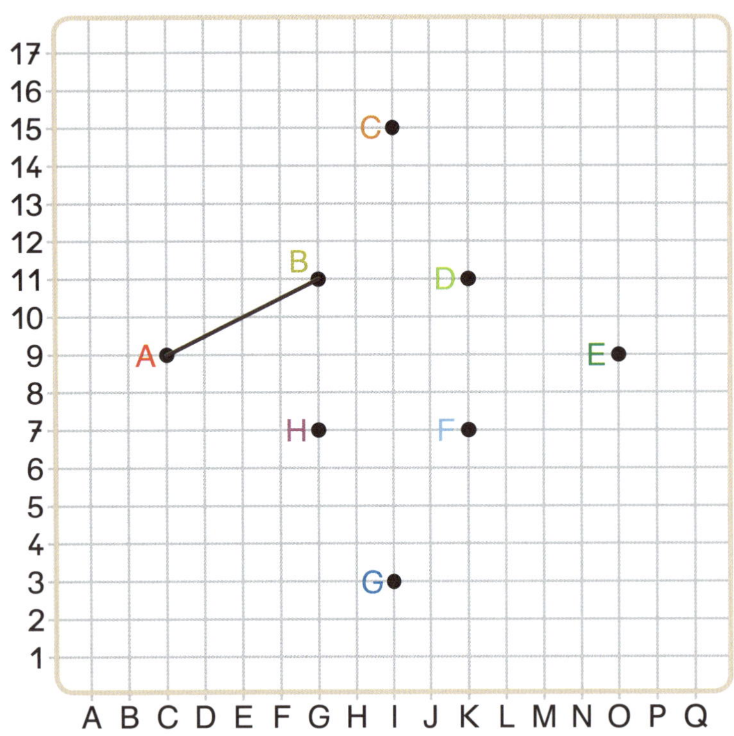

Verbinde mit einem Lineal die Punkte!

Was entsteht? ____________________

Wo liegen die Punkte?

A (C / 9) B (__ / __)

C (__ / __) D (__ / __)

E (__ / __) F (__ / __)

G (__ / __) H (__ / __)

© sternchenverlag GmbH

Trage die Punkte ein!

A (B/15) B (F/10)

C (I/15) D (L/10)

E (P/15) F (N/2)

G (D/2)

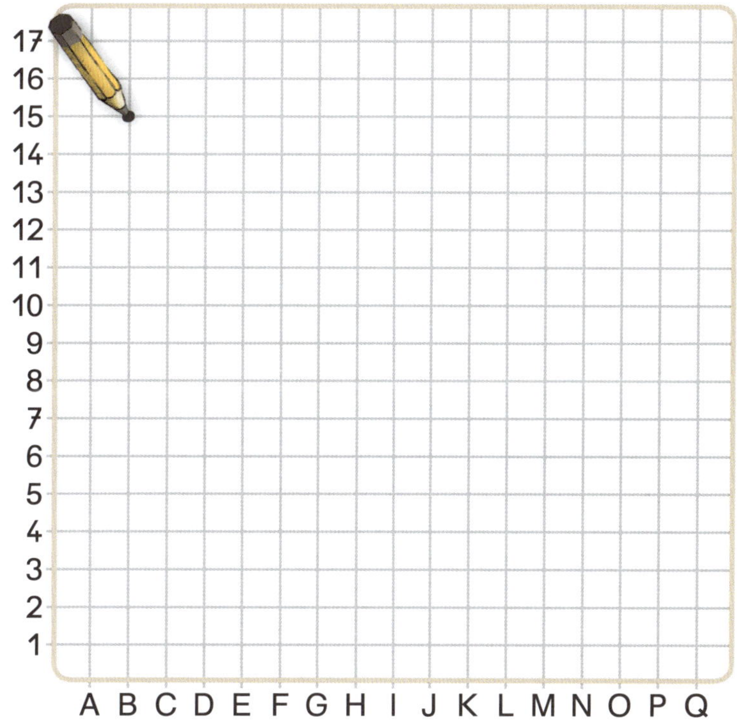

Verbinde nun die Punkte mit dem Lineal!
Was entsteht?

____

Das ist ein Stadtplan von Berlin.
Finde die Sehenswürdigkeiten und notiere deren Planquadrate! Nenne immer erst den Buchstaben!

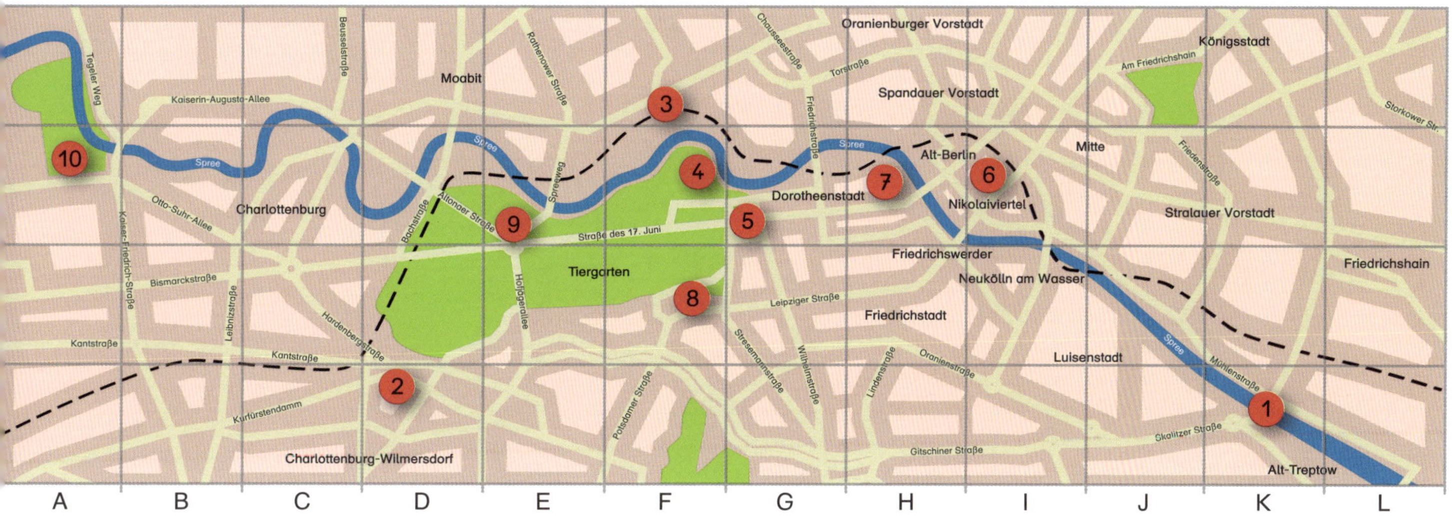

Oberbaumbrücke
1 (K / 1)

Gedächtniskirche
2 (__ / __)

Hauptbahnhof
3 (__ / __)

Reichstag
4 (__ / __)

Brandenburger Tor
5 (__ / __)

Fernsehturm
6 (__ / __)

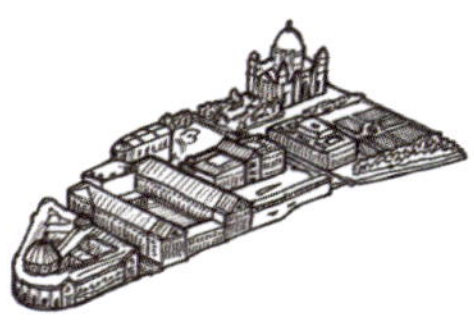
Museumsinsel
7 (__ / __)

Sonycenter
8 (__ / __)

Siegessäule
9 (__ / __)

Schloss Charlottenburg
10 (__ / __)

Das ist eine Karte von Deutschland. Wo liegen folgende Städte? Trage ein!

Kiel	Schwerin	Hamburg	Bremen
1 (E /10)	2 (__/__)	3 (__/__)	4 (__/__)
Hannover	**Magdeburg**	**Berlin**	**Potsdam**
5 (__/__)	6 (__/__)	7 (__/__)	8 (__/__)
Düsseldorf	**Wiesbaden**	**Erfurt**	**Dresden**
9 (__/__)	10 (__/__)	11 (__/__)	12 (__/__)
Mainz	**Saarbrücken**	**Stuttgart**	**München**
13 (__/__)	14 (__/__)	15 (__/__)	16 (__/__)

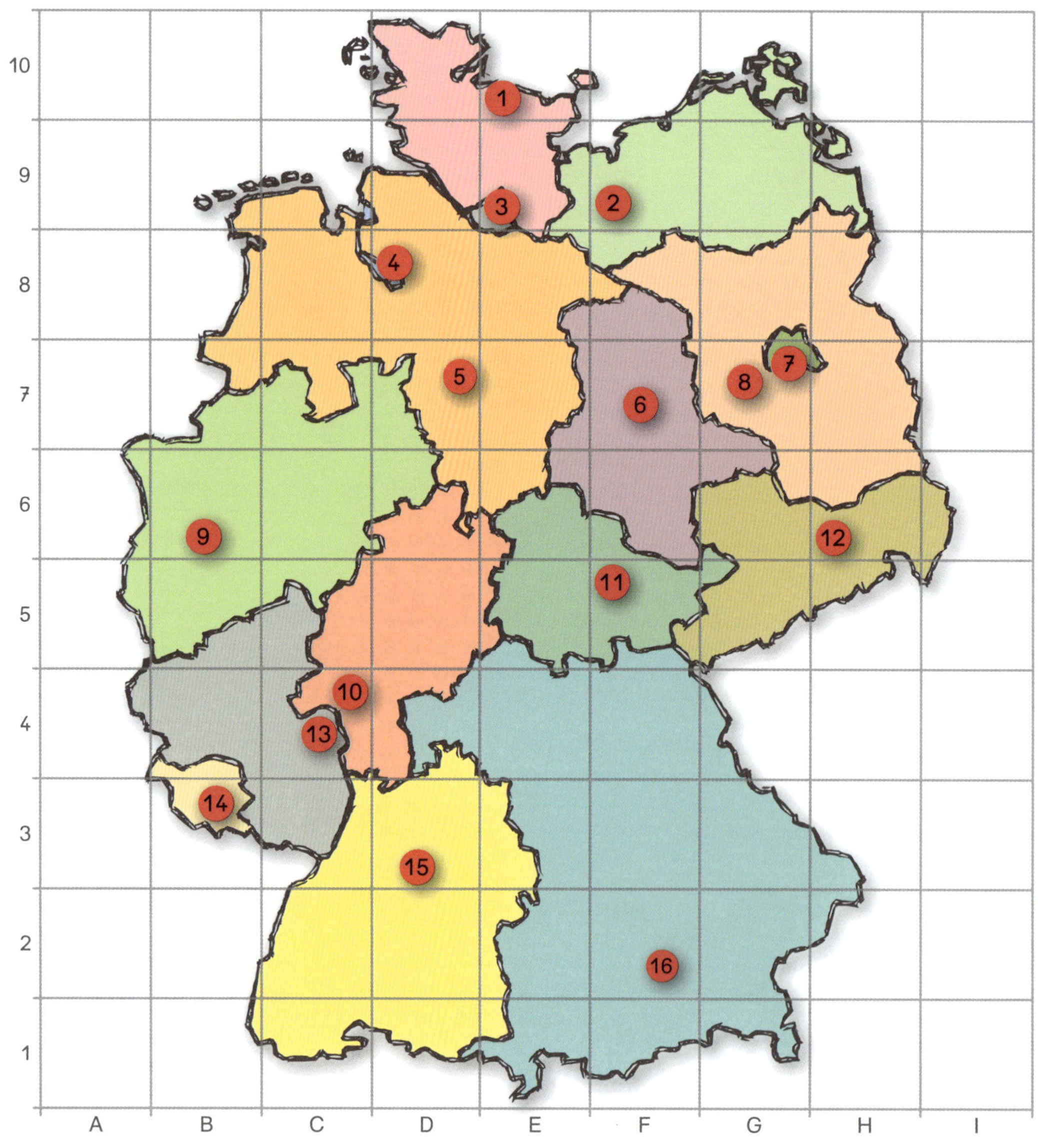

Warst du schon einmal in Berlin?

ja ☐ nein ☐

Wie viele Bundesländer hat Deutschland?

______

In welchem Bundesland wohnst du?

____

© sternchenverlag GmbH

Kennst du noch die Namen der Geometrischen Körper?

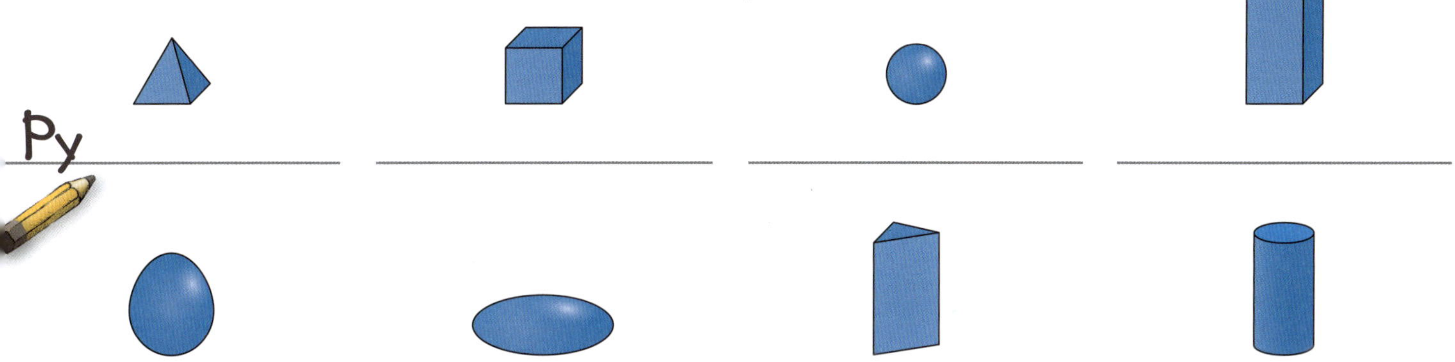

Pyramide	Ei	Quader	Prisma
Ellipsoid	Kugel	Zylinder	Würfel

Fülle die Tabelle aus! **Erinnere dich!**

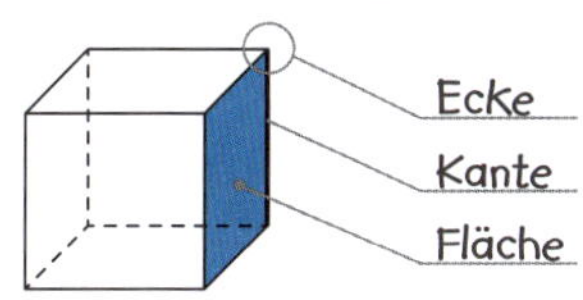

	Name	Anzahl der Ecken	Anzahl der Kanten	Anzahl der Flächen
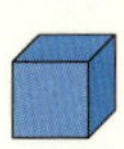	Würfel	8		

© sternchenverlag GmbH

Wenn du einen Würfel auseinanderklappst, entsteht ein Körpernetz. Ein Würfelnetz hat 6 Flächen.

Welche Seiten liegen gegenüber?

			Aufgabe
[face with 2 dots]	und		2 + ☐ = ☐
	und		☐ + ☐ = ☐
	und		☐ + ☐ = ☐

Was stellst du fest?

____

Um herauszufinden, ob sich ein Netz zu einem Würfel falten lässt, kannst du es in Gedanken zusammenfalten. Hilfreich ist, gegenüberliegende Seiten zu färben.

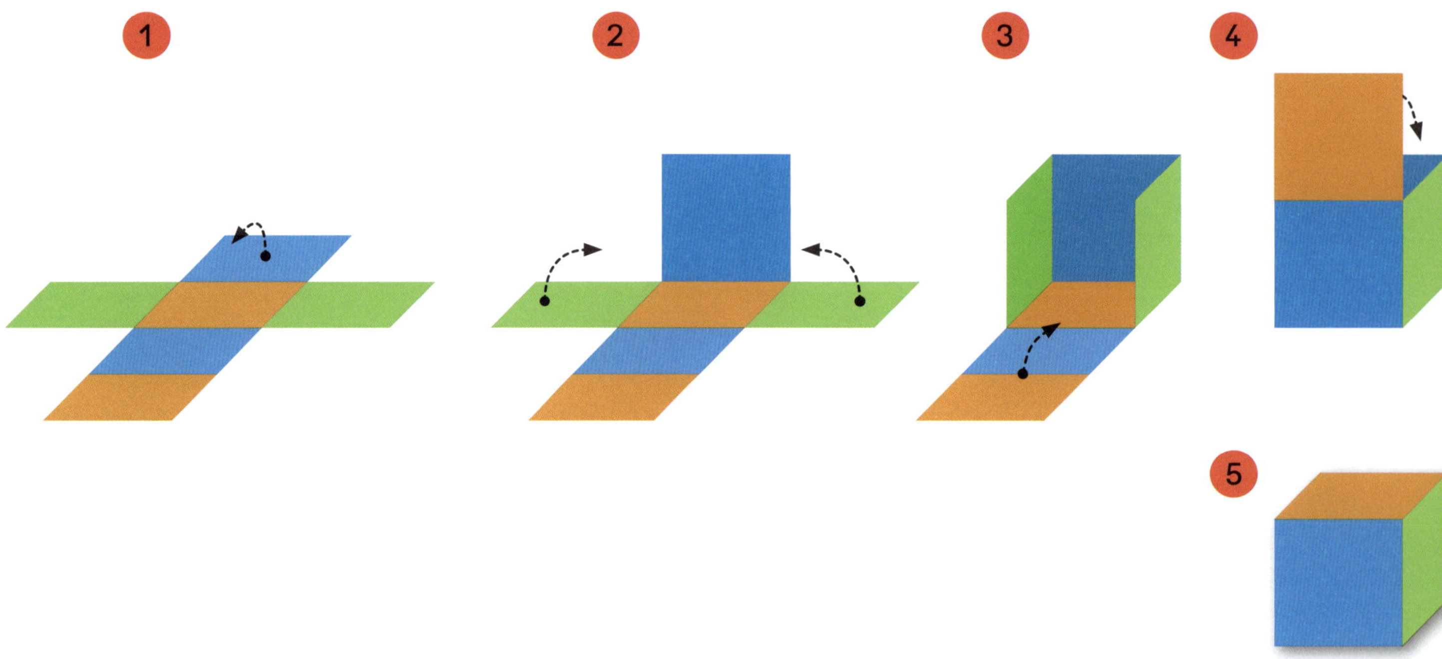

© sternchenverlag GmbH

Welches dieser Netze lässt sich zu einem Würfel falten? Kreuze an!

Wenn es dir mal schwerfällt es herauszufinden, benutze Blätter eines Zettelblocks, klebe sie an den betreffenden Stellen mit Klebeband zusammen und falte.

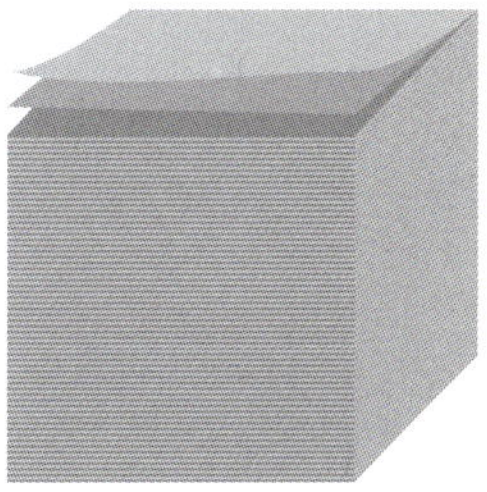

© sternchenverlag GmbH

Lösungen: 3, 6, 12, 14, 16 18, 21, 23, 24, 25

Baue mit Knete, Schaschlikstäbchen und Zahnstochern Kantenmodelle!
Nutze die Knete für die Ecken und die Stäbchen für die Kanten!

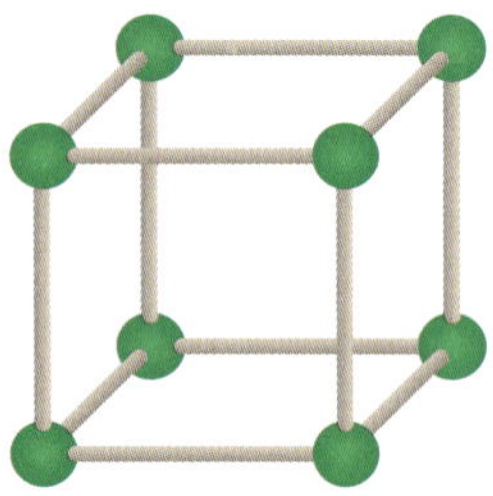

8	Ecken
12	Kanten

○ nachgebaut

	Ecken
	Kanten

○ nachgebaut

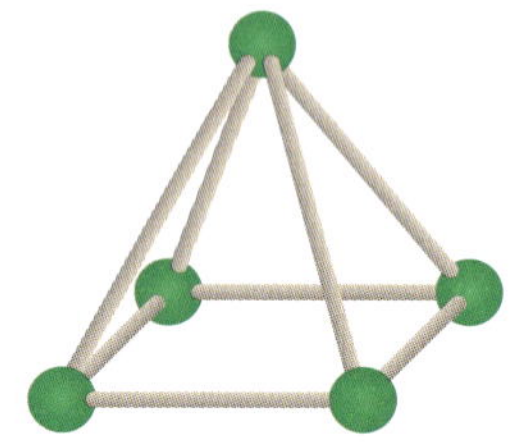

	Ecken
	Kanten

○ nachgebaut

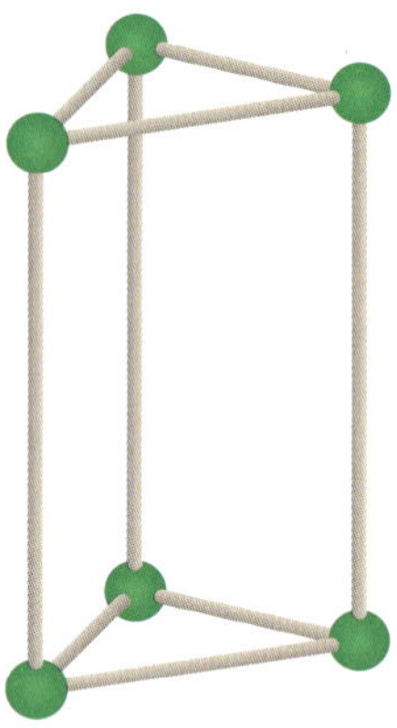

	Ecken
	Kanten

○ nachgebaut

Welche anderen geometrischen Körper kann man nicht gut nachbauen?

____

____

Ordne diesen Gegenständen ihre geometrischen Körper zu!

____

____

____

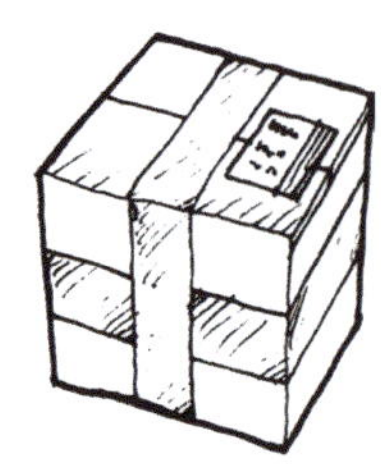

____

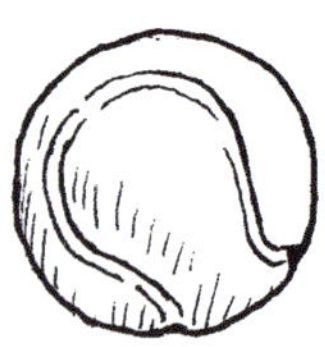

____

____

____

____

© sternchenverlag GmbH

Körpernetze

Hier siehst du Körpernetze. Welcher geometrische Körper gehört dazu? Verbinde!

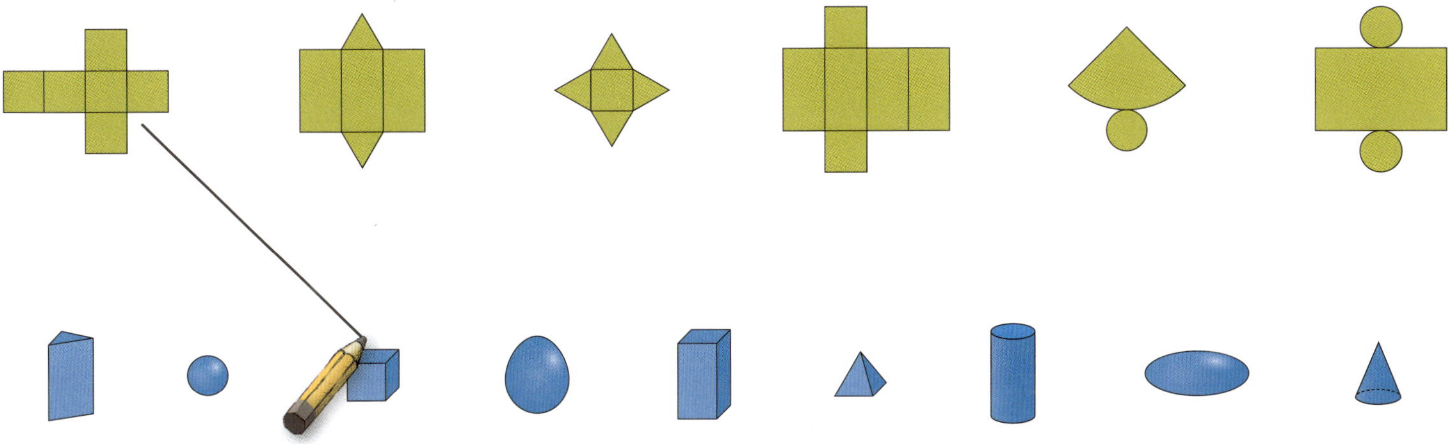

Zu welchen Körpern gibt es kein Netz?

__________ __________ __________

Welche Körper kannst du aus diesen Flächen bauen?

__________ __________ __________ __________

Welche Flächen brauchst du?

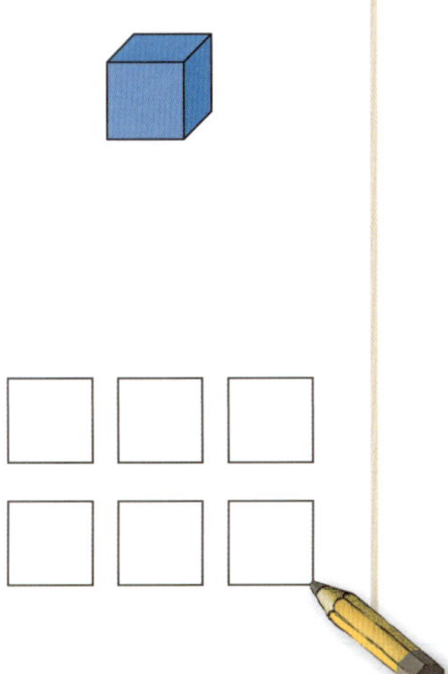

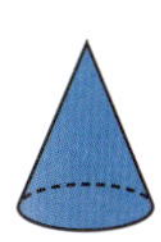

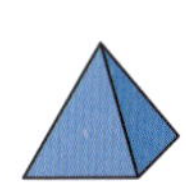

Wo stehen echte Pyramiden?

____

Hast du schon einmal eine gesehen? ☐ ja ☐ nein

Wer wohnte dort?

____

Wie alt sind die Pyramiden von Gizeh ungefähr?

____

© sternchenverlag GmbH

Lösungen: 4.500 Jahre, Ägypten, Pharao

Zeichne immer nach! Benutze immer das Geodreieck!

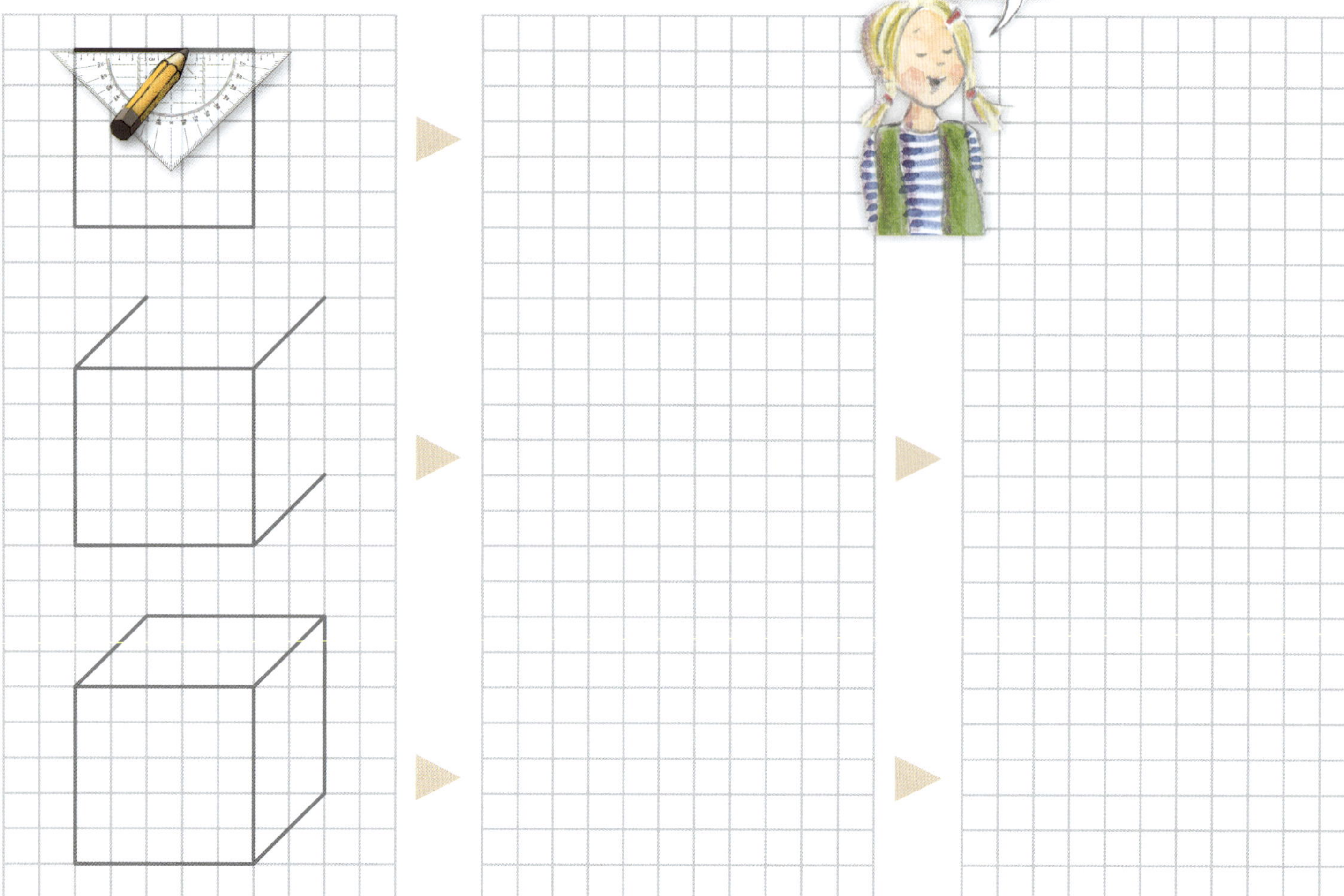

Zeichne die Würfel fertig!

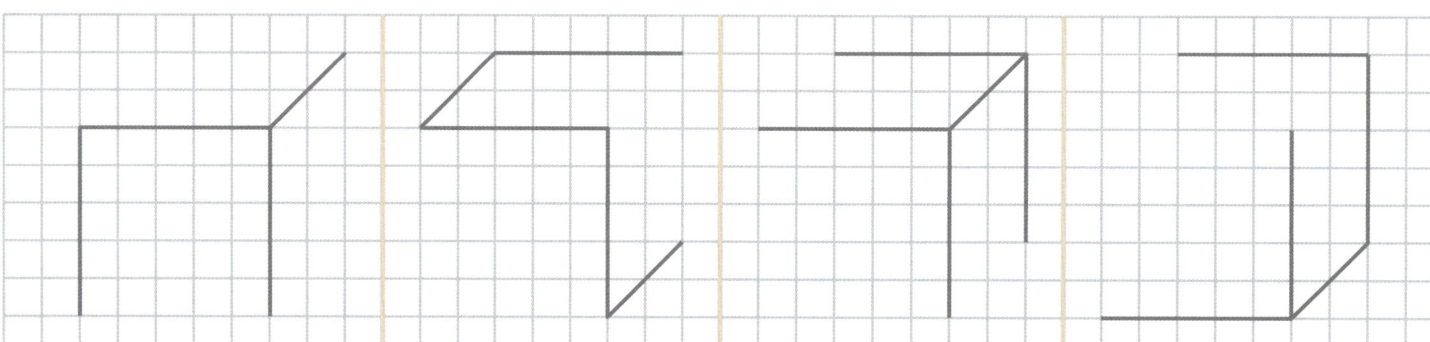

Zeichne die Quader fertig!

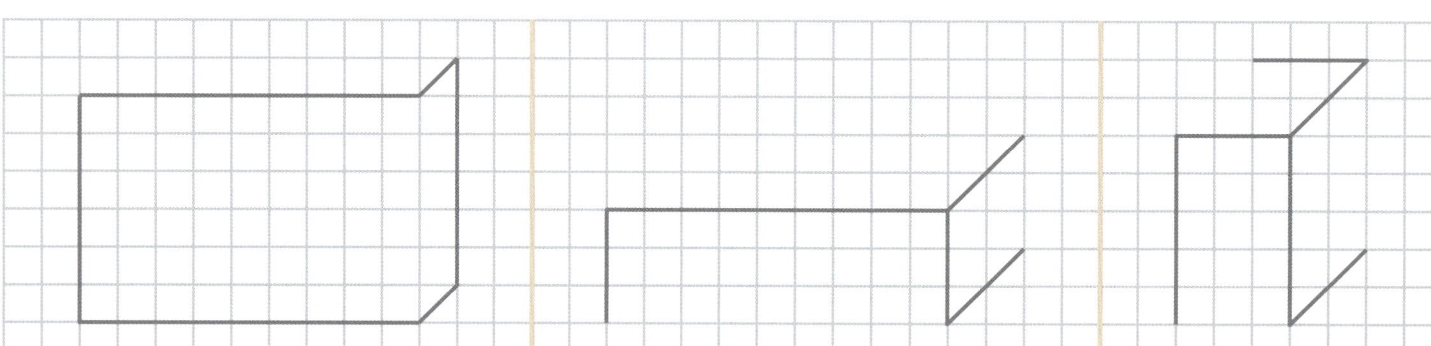

© sternchenverlag GmbH

Warst du schon einmal auf einer Burg? ja ☐ nein ☐

Wenn ja, wie hieß die Burg? ______________________________

Eine Burg und andere Gebäude kann man von verschiedenen Seiten betrachten.

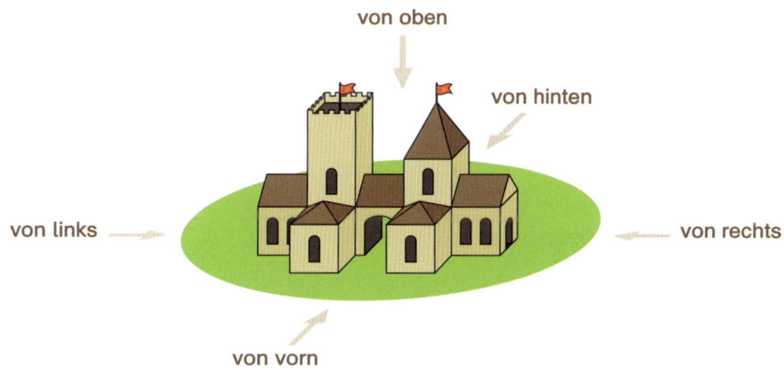

Von welcher Seite betrachtest du nun die Burg?

von links

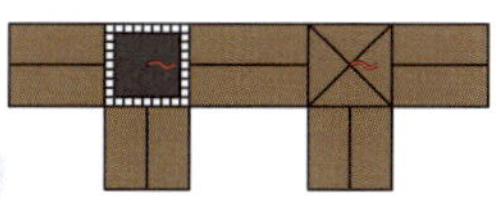

von __________

von __________

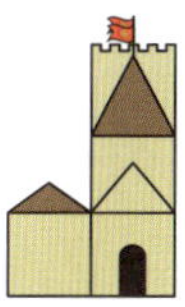

von __________

von __________

Zeichne nun die Ansichten zu drei verschiedenen Burgen!

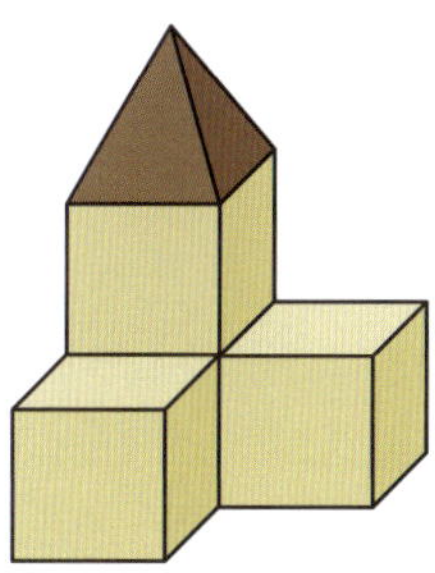

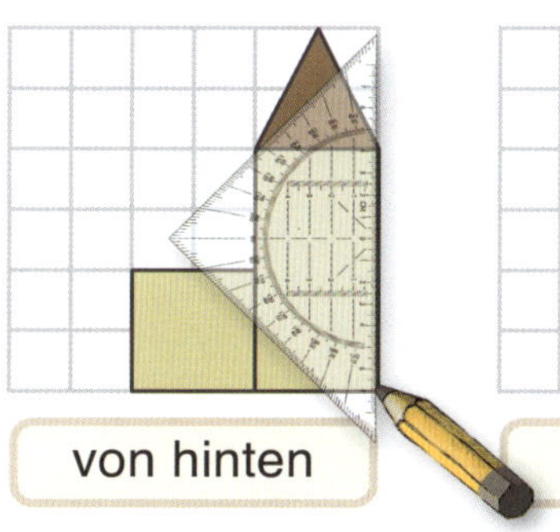

von hinten

von vorn

von oben

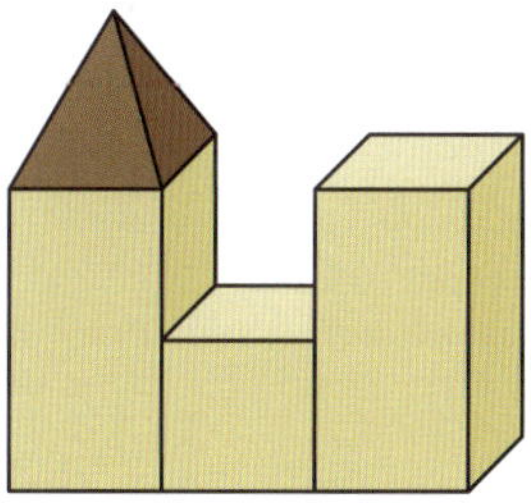

von rechts

von oben

von hinten

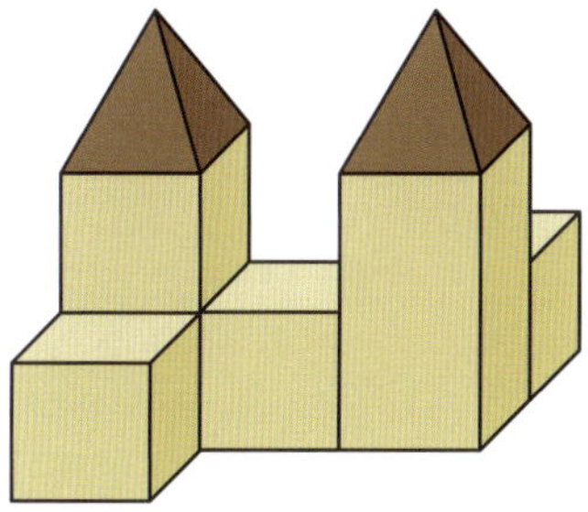

von vorn

von links

von rechts

Von wo aus siehst du das Gebäude?

von l

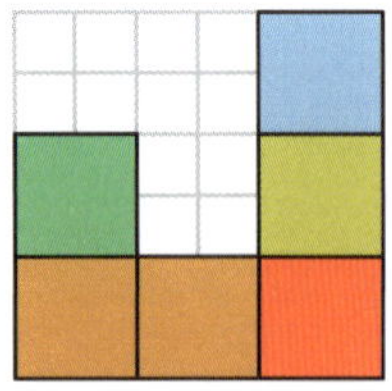

von ________

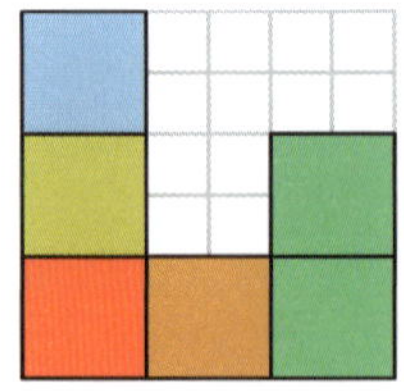

von ________

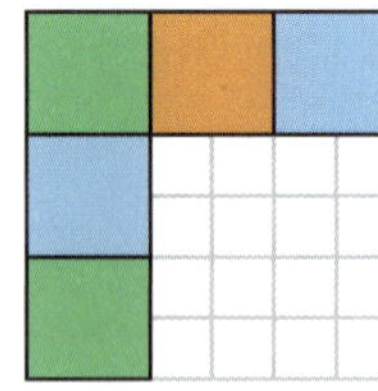

von ________

von ________

Färbe die Würfel passend!

von oben

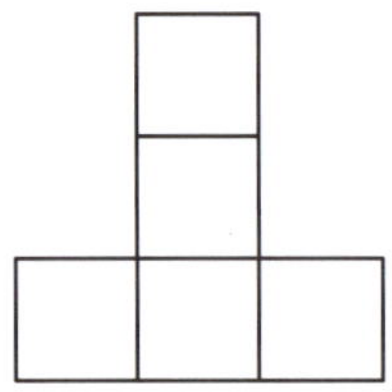

von ________

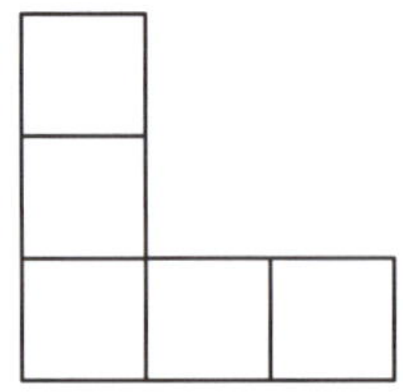

von ________

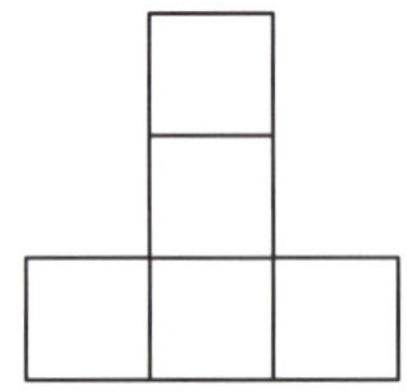

von ________

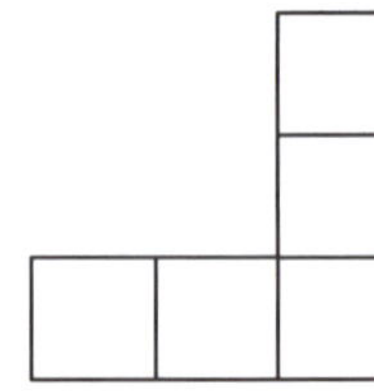

von ________

Färbe die Würfel passend!

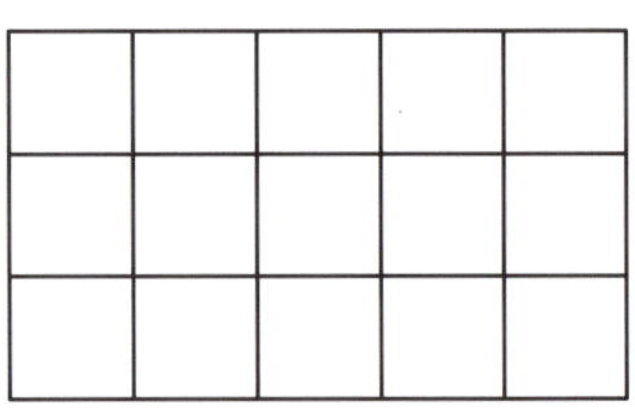

von vorn

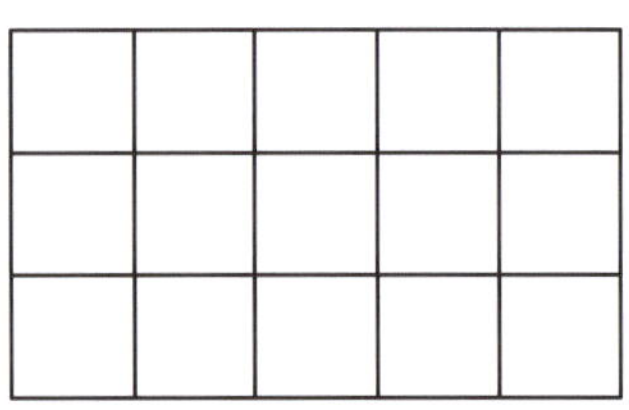

von hinten

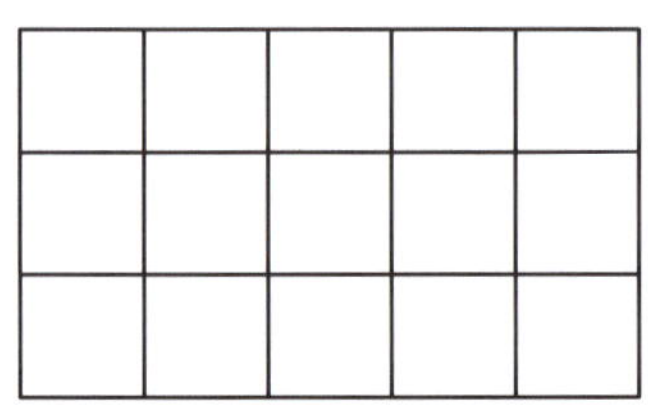

von rechts

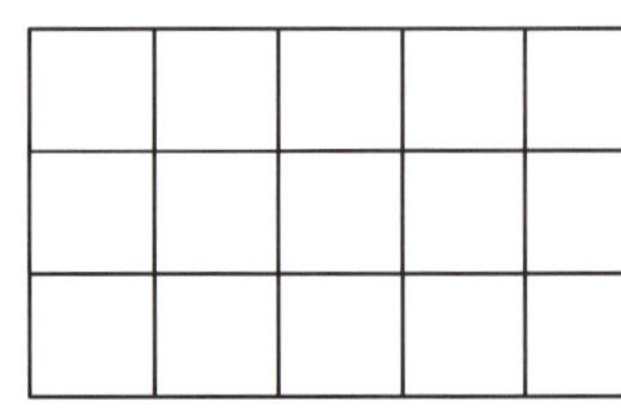

von links

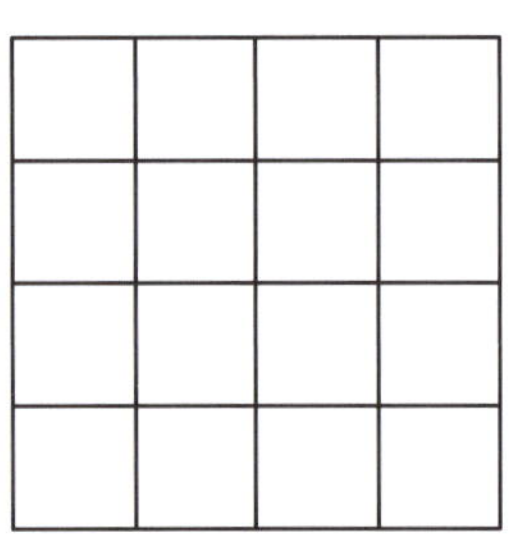

von vorn

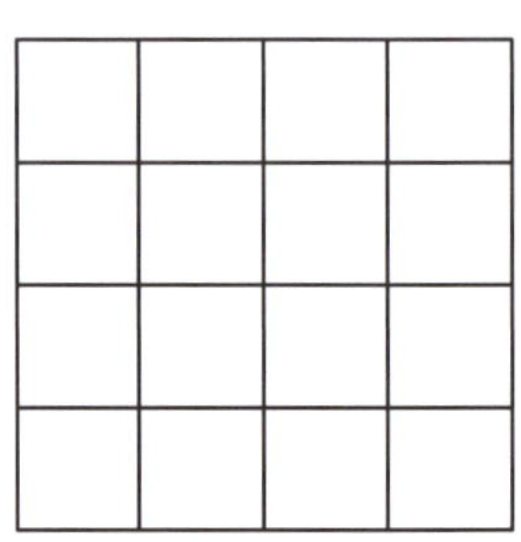

von hinten

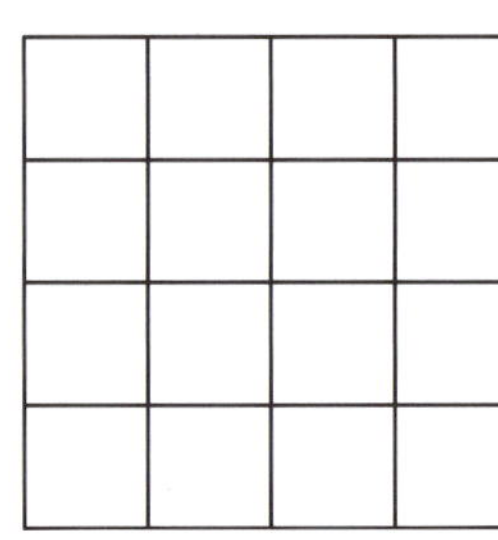

von rechts

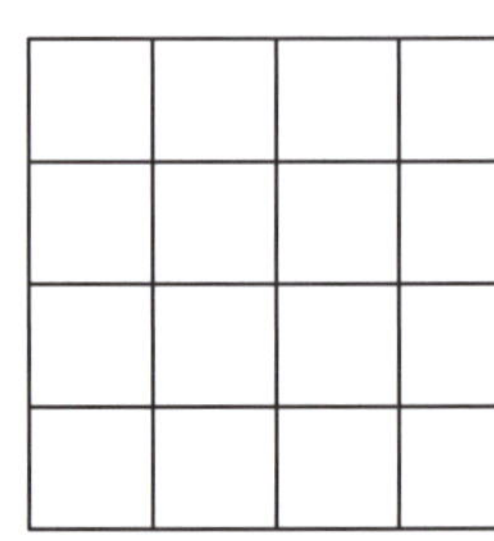

von links

© sternchenverlag GmbH

Das ist eine Gerade.
Sie besitzt keine Endpunkte.

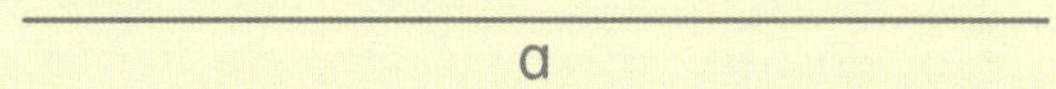

Das ist eine Strecke.
Sie wird durch zwei Endpunkte begrenzt.

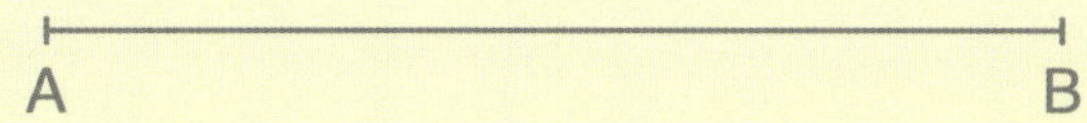

Das ist ein Schnittpunkt (S).
Den Punkt, in dem sich zwei Geraden schneiden, nennt man Schnittpunkt.

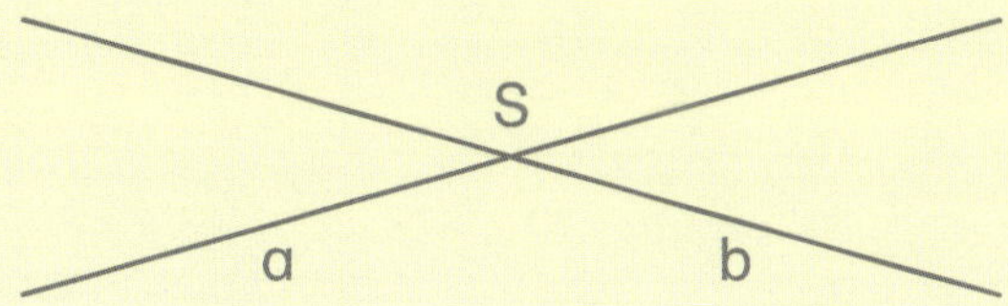

Zeichne eine Strecke von 5,7 cm!

Zeichne eine Strecke von 7,6 cm!

Zeichne eine Strecke von 9,4 cm!

Zeichne eine Strecke von 8,4 cm!

Zeichne die Strecken nach und miss!

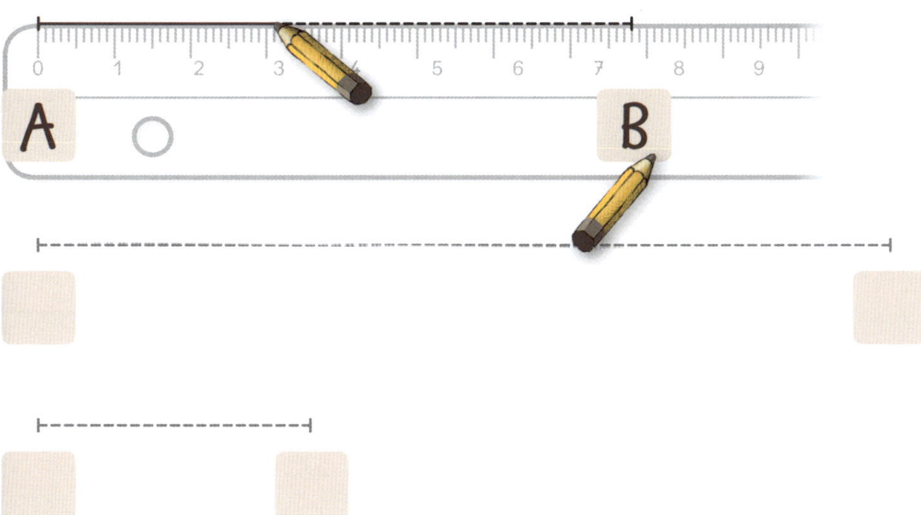

$\overline{AB}$ 7,8 cm

$\overline{AB}$ ___ cm

$\overline{AB}$ ___ cm

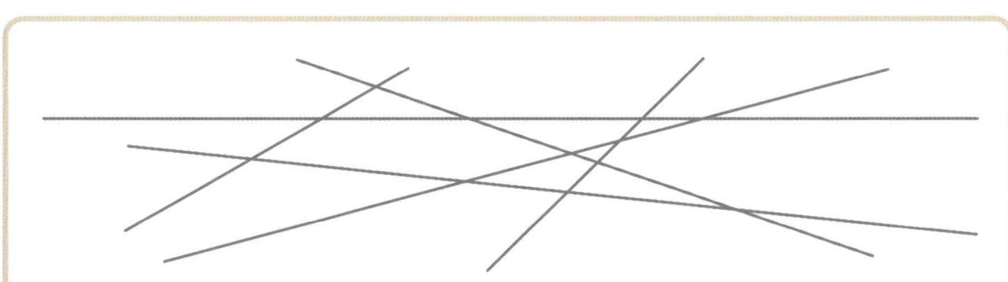

Anzahl Geraden ___

Anzahl Schnittpunkte ___

Der Kreis besitzt einen Radius (r)

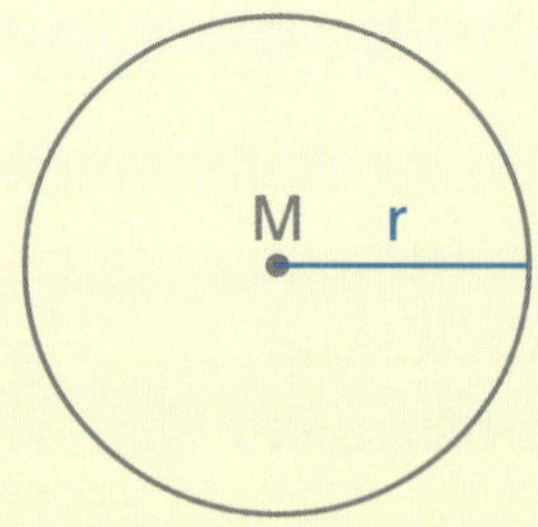

und einen Durchmesser (d)

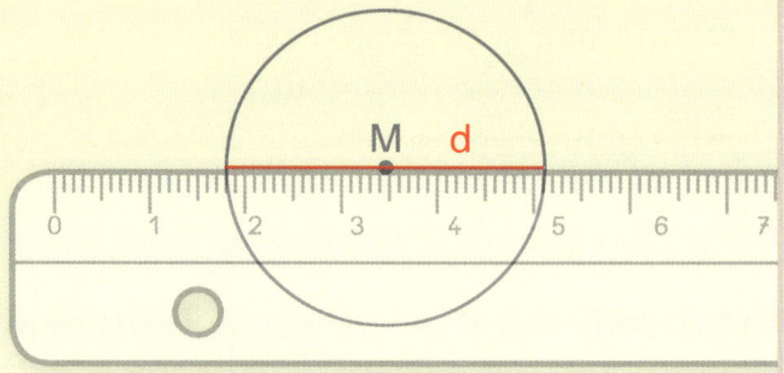

und einen Mittelpunkt (M)

Der Durchmesser ist also doppelt so groß wie der Radius.

Errechne die fehlenden Angaben!

r	2 cm	2,5 cm				5,6 cm	3,3 cm	
d	4 cm		6 cm	4,8 cm	10,2 cm			7,4 cm

Zeichne den Radius blau und den Durchmesser rot ein! Benutze ein Lineal!

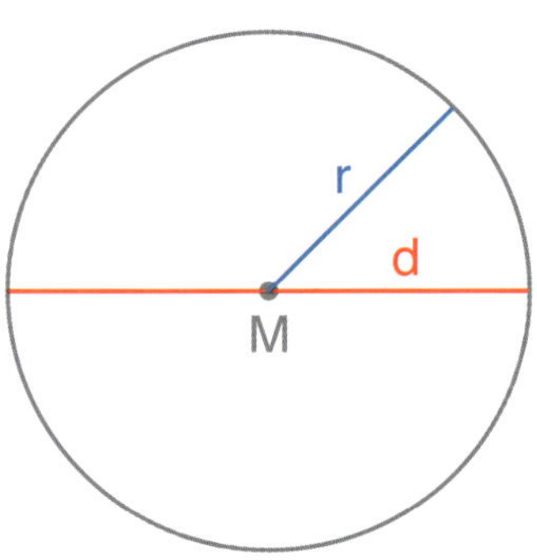

r = 2 cm
d = 4 cm

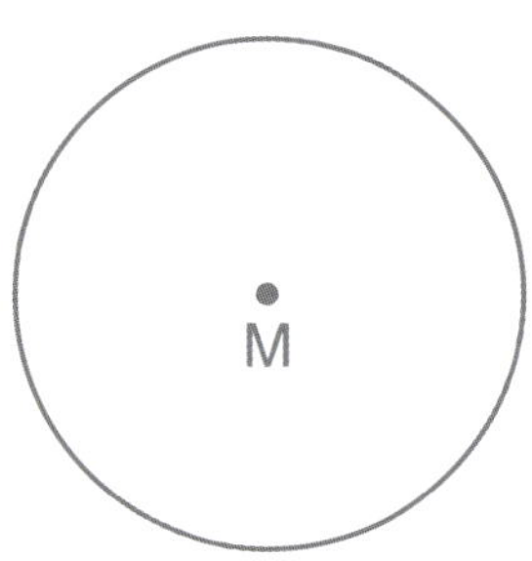

r = ___ cm
d = ___ cm

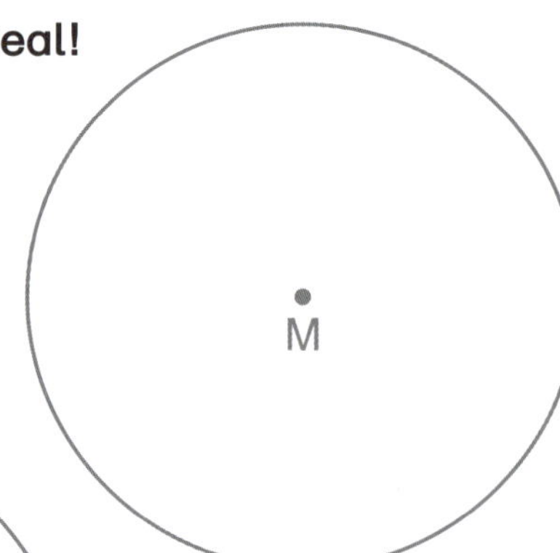

r = ___ cm
d = ___ cm

r = ___ cm
d = ___ cm

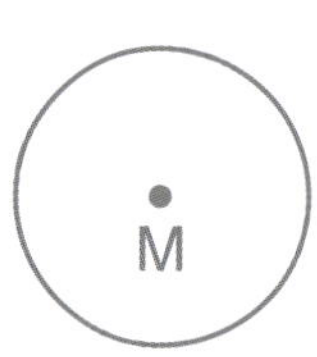

r = ___ cm
d = ___ cm

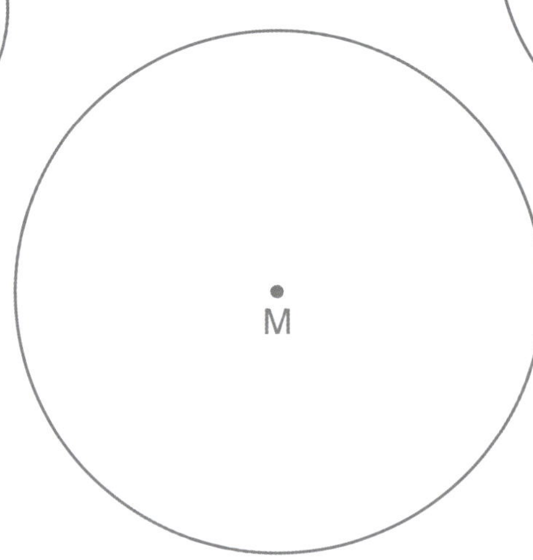

r = ___ cm
d = ___ cm

r = ___ cm
d = ___ cm

© sternchenverlag GmbH

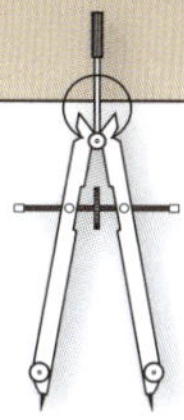

Zeichne Kreise!

$r = 2{,}9\,cm$	$d = 5\,cm$	$d = 4{,}6\,cm$
M	M	M

Zeichne nach und weiter!

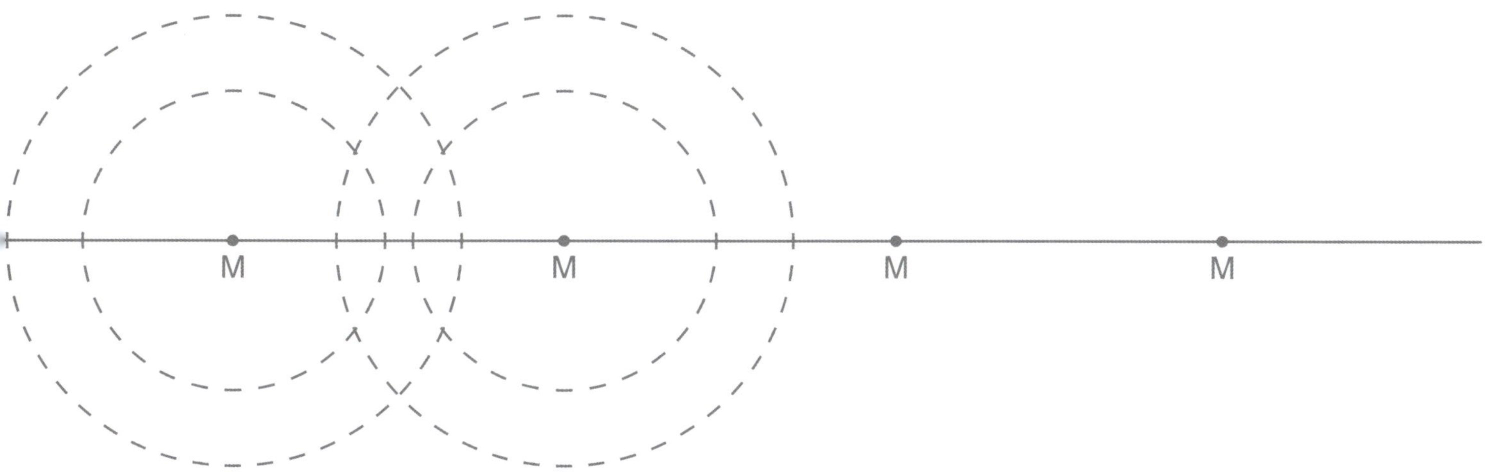

Erfinde selbst Muster!   Male die Muster an!

© sternchenverlag GmbH

Folge den Zahlen!

☐ Stelle den Zirkel immer auf 8cm ein.

1. Stich den Zirkel bei 1 (M) ein und zeichne einen Kreis mit dem Radius 8 cm.
2. Stich bei 2 ein und ziehe einen Halbkreis durch M.
3. Stich bei 3 ein und ziehe wieder einen Halbkreis durch M.
4. Stich bei 4 ein und nochmal.
5. Stich bei 5 ein und nochmal.
6. Stich bei 6 ein und nochmal.
7. Stich bei 7 ein und nochmal.

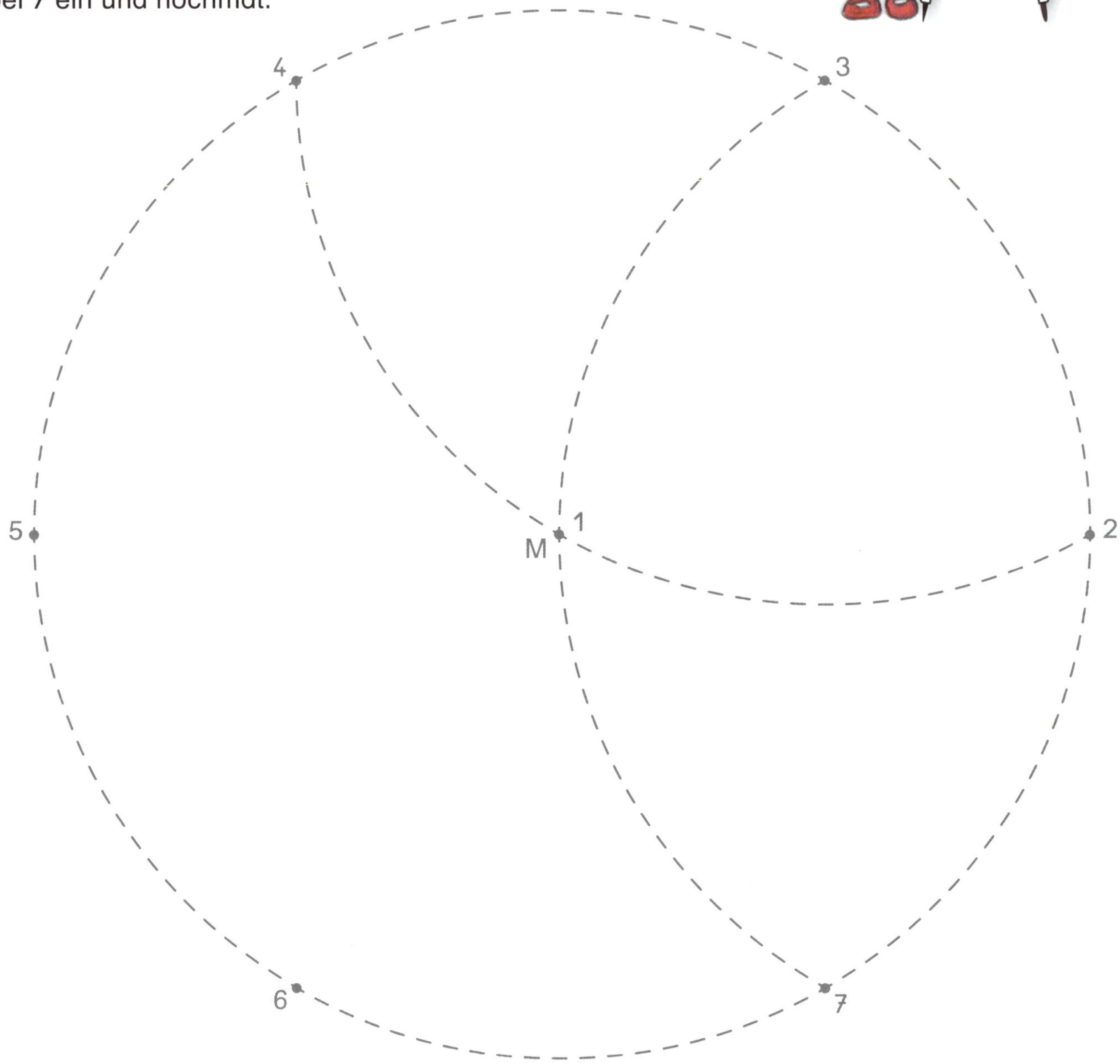

Was ist entstanden? ______________________________

☐ **Male das schöne Muster farbig an!**

Magst du sie noch einmal auf ein Blatt zeichnen und jemandem schenken? ja ☐ nein ☐

© sternchenverlag GmbH

Zeichne zweimal die Fläche nach! Falls du ein Geobrett hast, kannst du sie auch nachspannen.

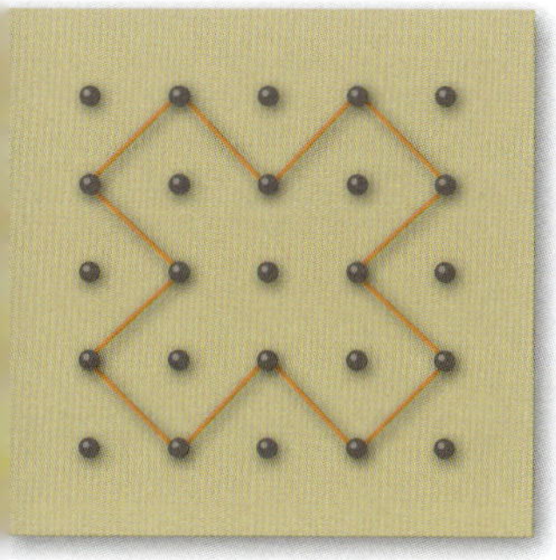

ein Kreuz

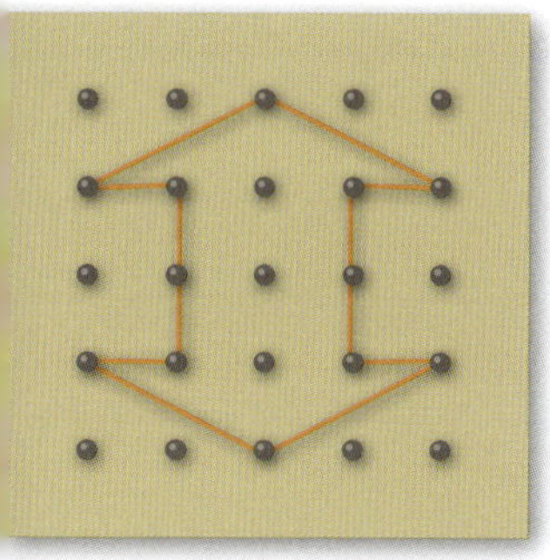

ein ______

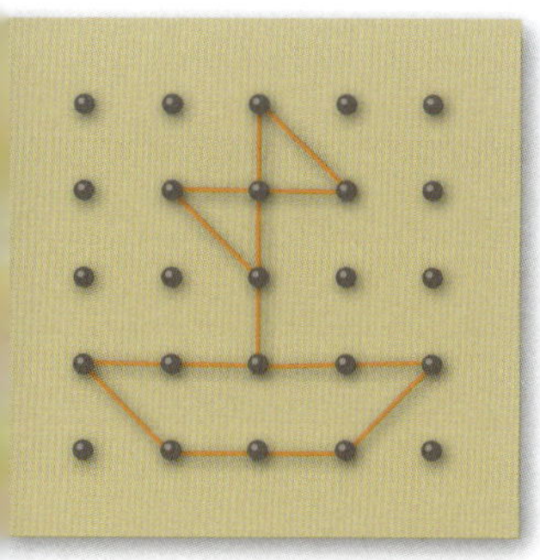

ein ______

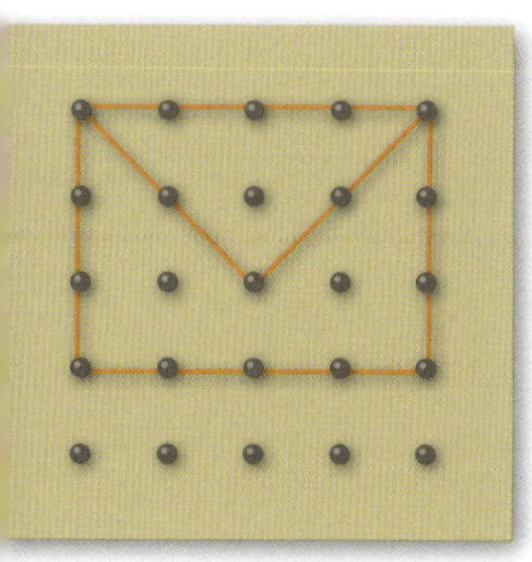

ein ______

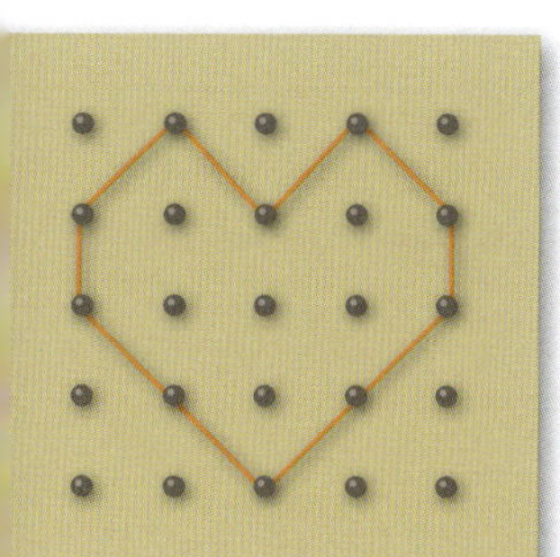

ein ______

Wen hast du besonders lieb? ______

Zeichne die kleinen Monster nach! Immer mit dem Lineal!

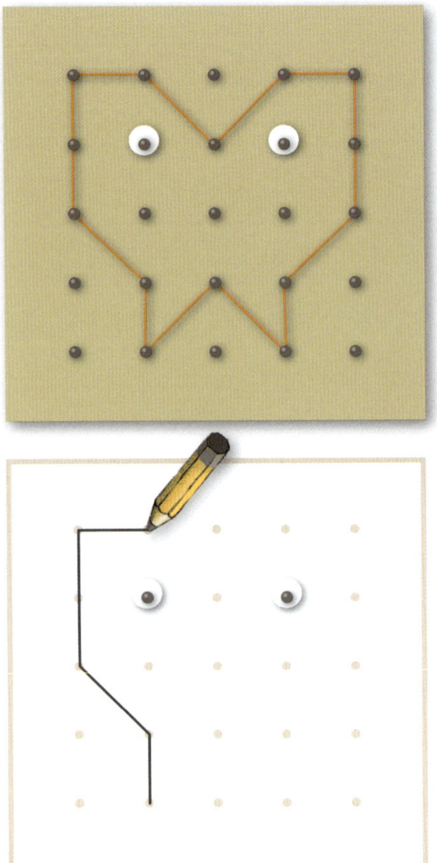

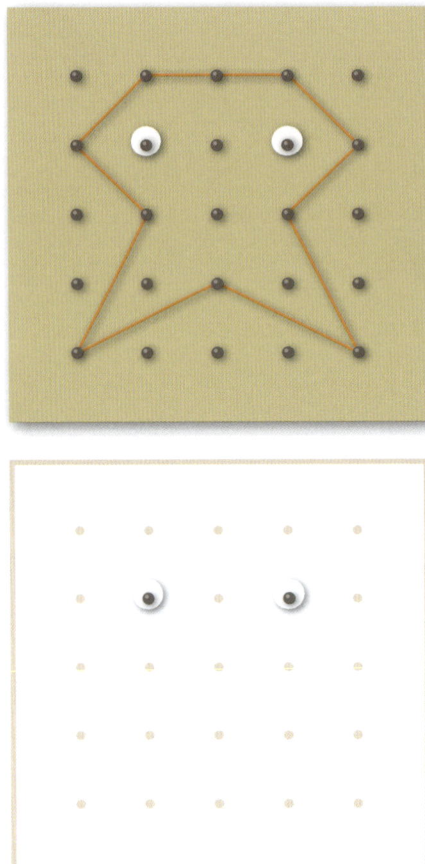

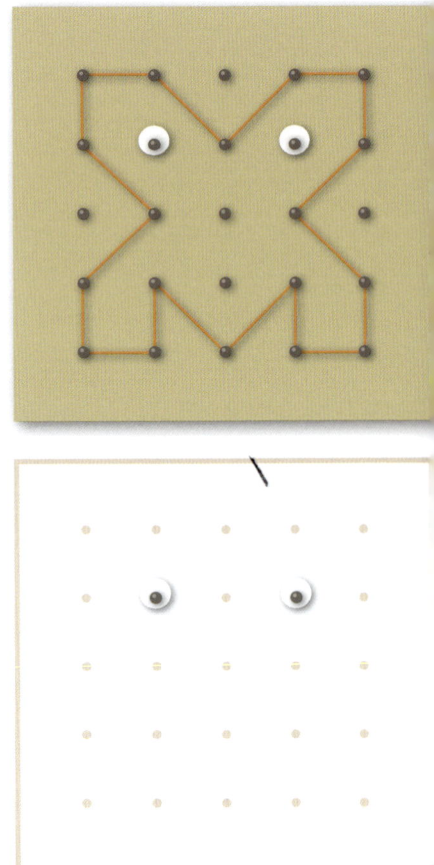

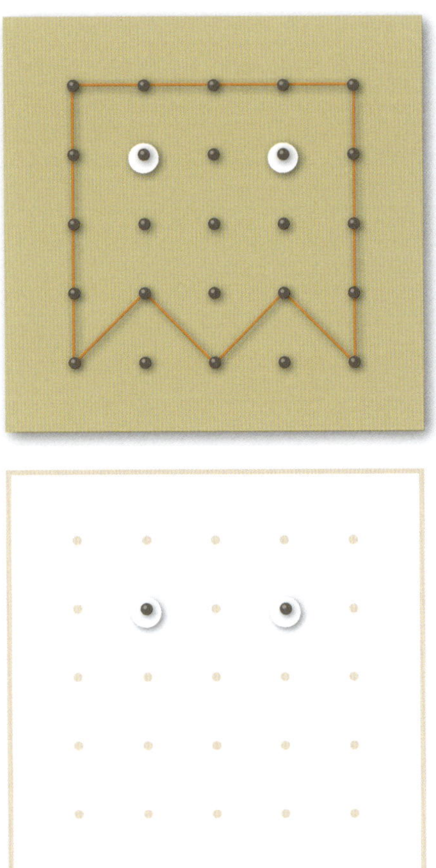

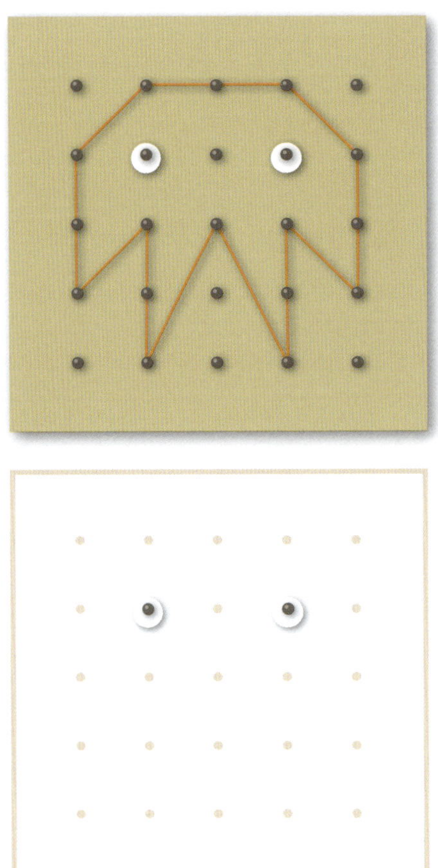

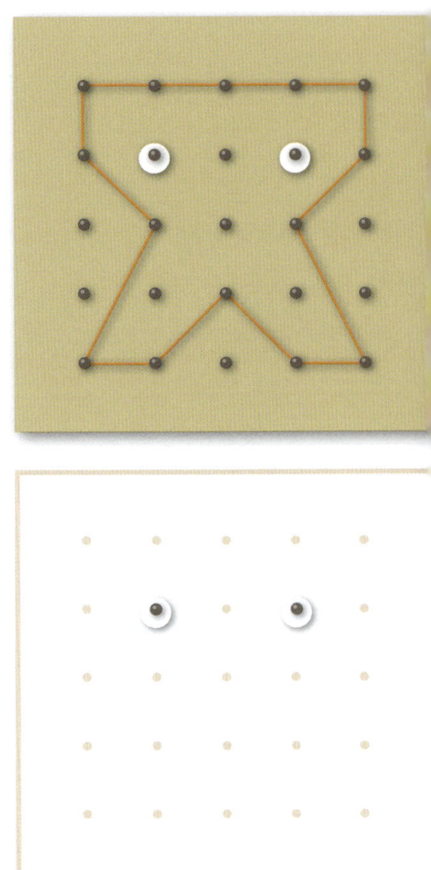

© sternchenverlag Gmb

Zeichne die Muster zuerst nach und dann nochmal allein!

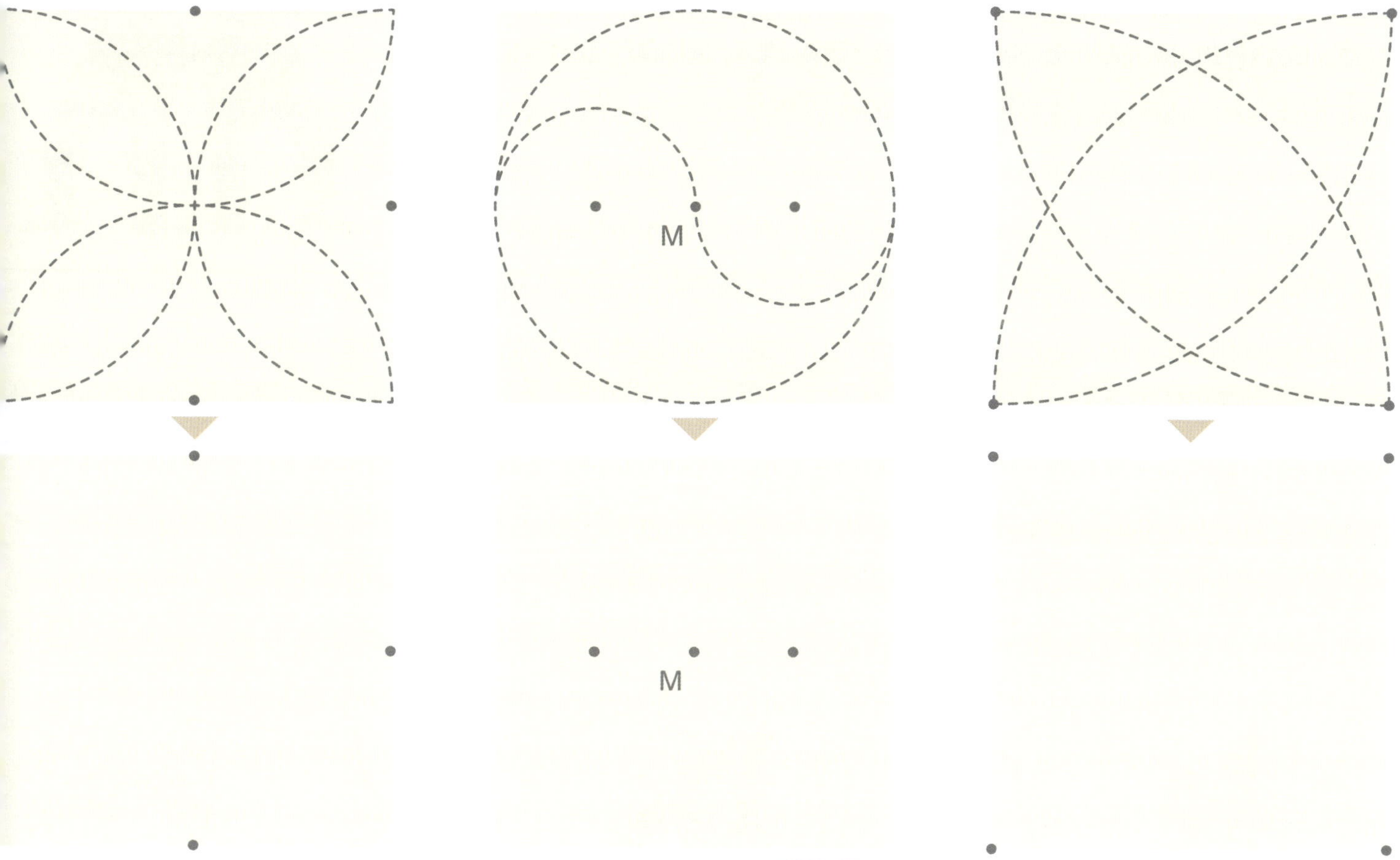

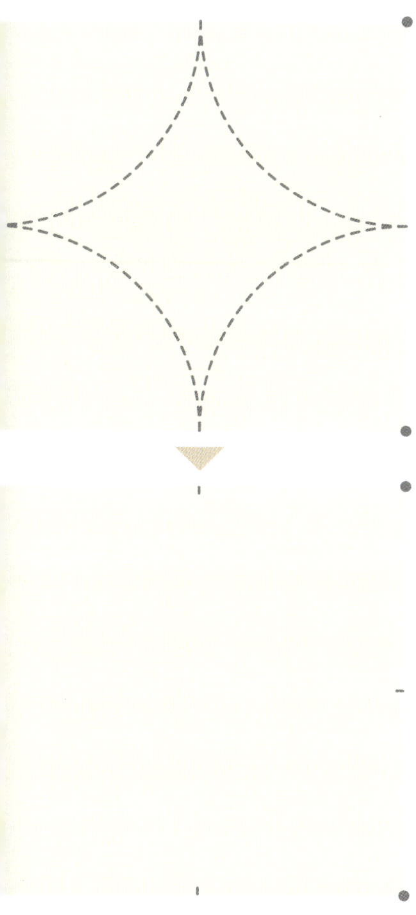

Zeichne den Kreis mit r = 3,5 cm und zeichne parallele Linien mit dem Geodreieck ein!

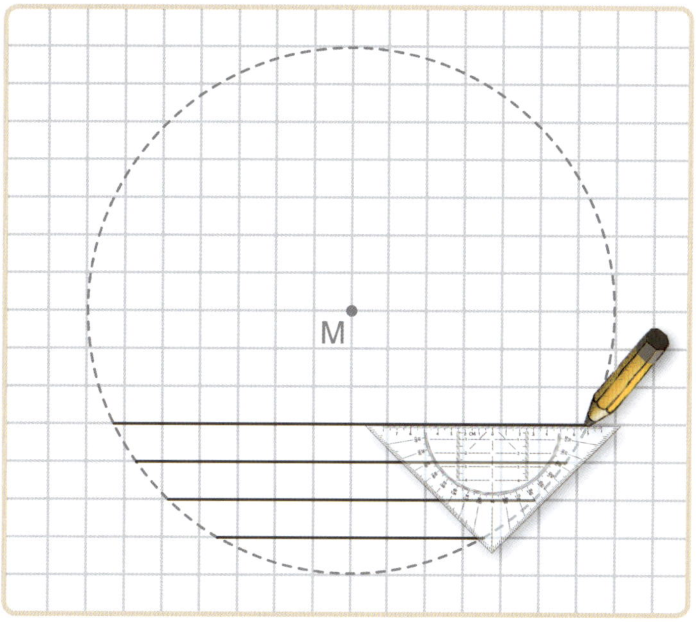

Eine **Symmetrie- oder Spiegelachse** ist eine Gerade,
an der man ein Bild spiegeln kann, ohne dass es sich ändert.
Das Bild ist dann **symmetrisch / spiegelgleich**.

Symmetrie in der Natur

Zeichne die Symmetrieachsen ein!
In diesen Bildern gibt es eine Linie, an der man sie spiegeln kann, ohne dass sich die Bilder verändern.

Symmetrie in Bauwerken

Zeichne auch hier die Symmetrieachsen ein! Kennst du die Bauwerke? Ordne zu!

1 Triumphbogen
2 Tower Bridge
3 Holstentor
4 Brandenburger Tor
5 Taj Mahal

© sternchenverlag Gmbh

Symmetrie bei Verkehrsschildern

Zeichne auch hier die Symmetrieachsen ein! Kennst du die Verkehrsschilder? Ordne zu!

(1) Vorfahrtstraße (2) Einfahrt verboten (3) Sackgasse
(~~4~~) Vorfahrt gewähren (5) Vorgeschriebene Fahrtrichtung

(4) ( ) ( ) ( ) ( )

Bei welchen Verkehrsschildern gibt es mehrere Spiegelachsen? [4] [ ] [ ]

Male folgende Bilder symmetrisch. Zeichne die Spiegelachse(n) ein!

Herz

Flugzeug

Apfel

Schere

Schmetterling

Blume

Wie heißt du? ____________________

Zeichne bei folgenden Flächen alle möglichen Spiegelachsen ein!

- **Bei welchen Flächen gibt es keine Spiegelachse? Kreuze an!**
- **Bei welchen Flächen gibt es mehrere Symmetrieachsen? Kreuze an!**

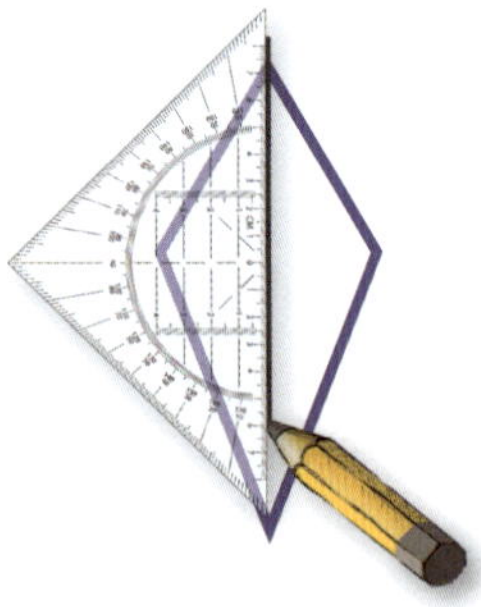

☐ keine Symmetrieachsen
☐ eine Symmetrieachse
☐ mehrere Symmetrieachsen

☐ keine Symmetrieachsen
☐ eine Symmetrieachse
☐ mehrere Symmetrieachsen

☐ keine Symmetrieachsen
☐ eine Symmetrieachse
☐ mehrere Symmetrieachsen

☐ keine Symmetrieachsen
☐ eine Symmetrieachse
☐ mehrere Symmetrieachsen

☐ keine Symmetrieachsen
☐ eine Symmetrieachse
☐ mehrere Symmetrieachsen

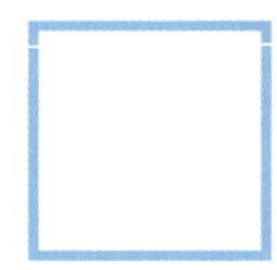

☐ keine Symmetrieachsen
☐ eine Symmetrieachse
☐ mehrere Symmetrieachsen

Finde Symmetrieachsen in Buchstaben! Auch hier gibt es manchmal auch mehrere.

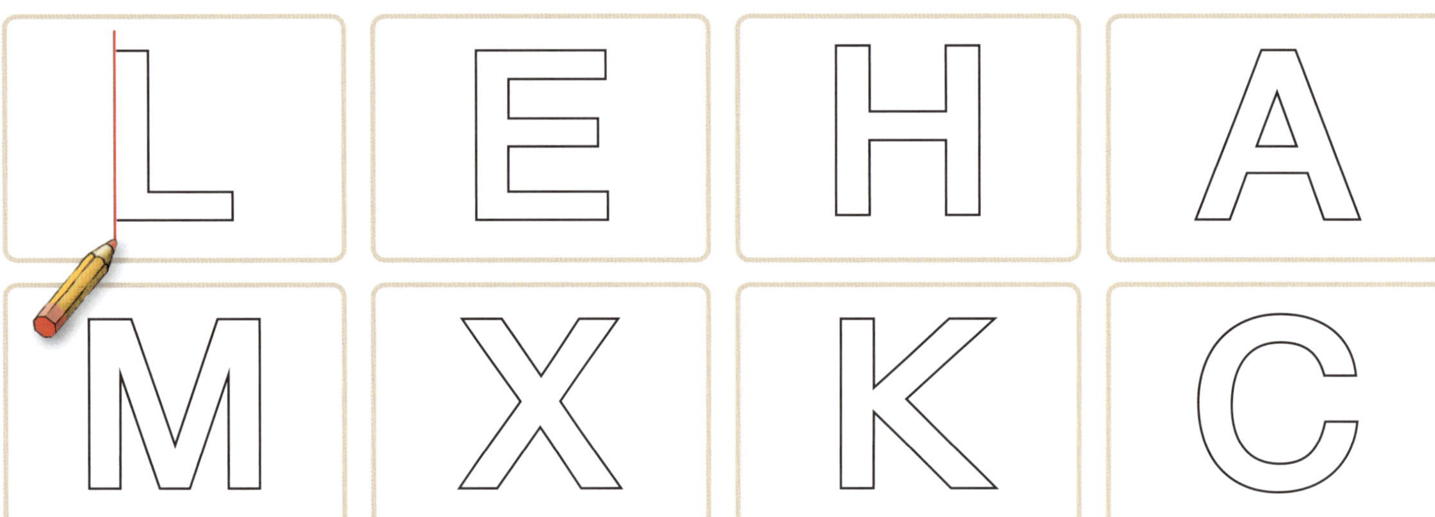

Wie heißen die Wörter? Hier fehlt das Spiegelbild!

© sternchenverlag GmbH

UHU

RADAR

OTTO

HANNAH

ECKE BODO

RETTER

HEIKE EICHE

Spitze deinen Bleistift an! Zeichne die Spiegelbilder! Benutze ein Geodreieck!

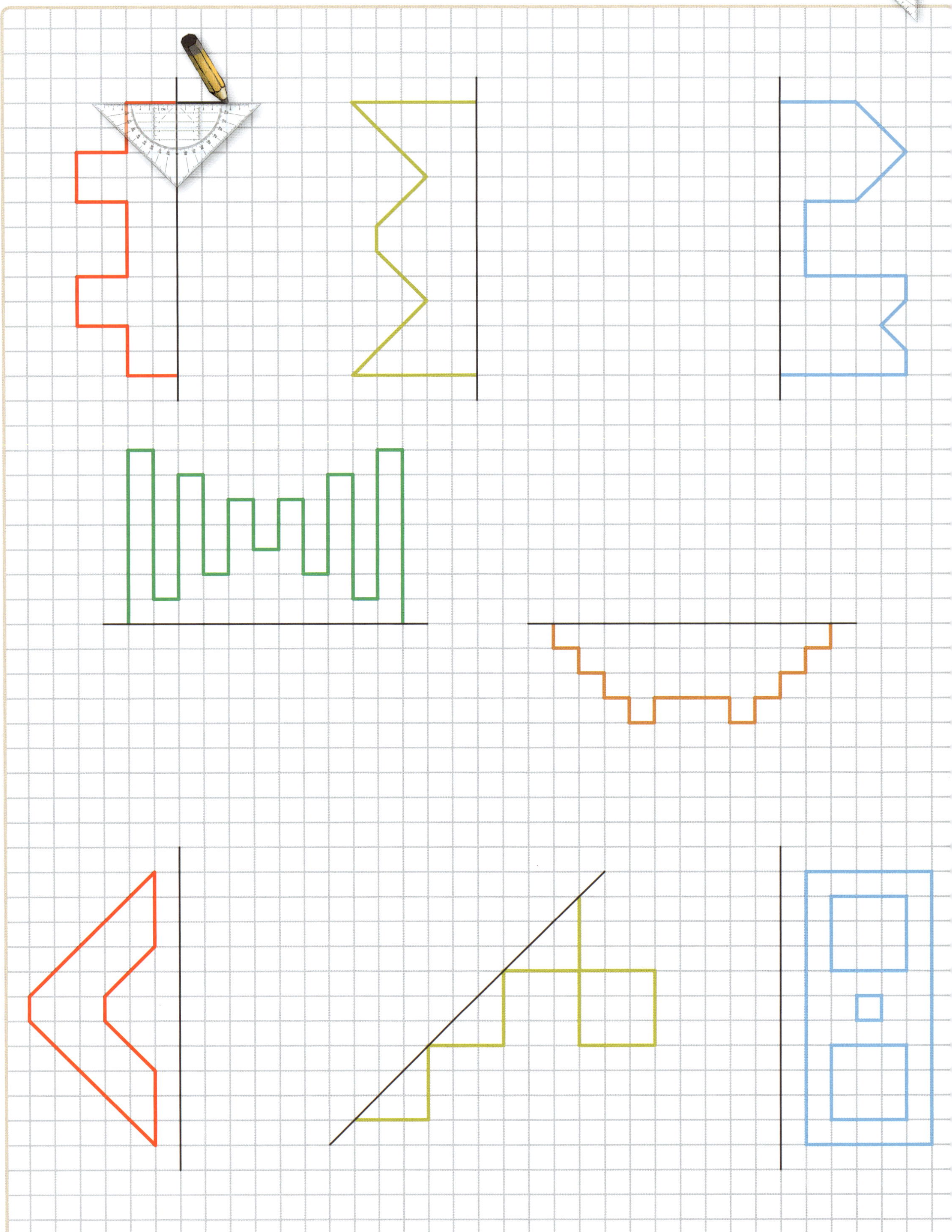

© sternchenverlag Gmb

Zeichne das Spiegelbild auf dem Geobrett ein oder spanne das Spiegelbild!
Die rote Linie ist die Symmetrieachse.

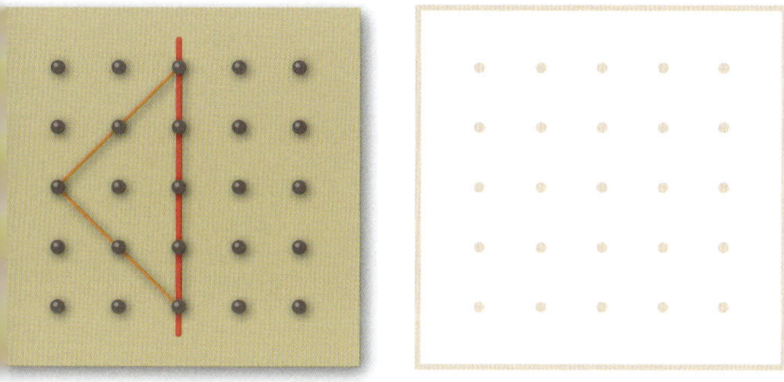

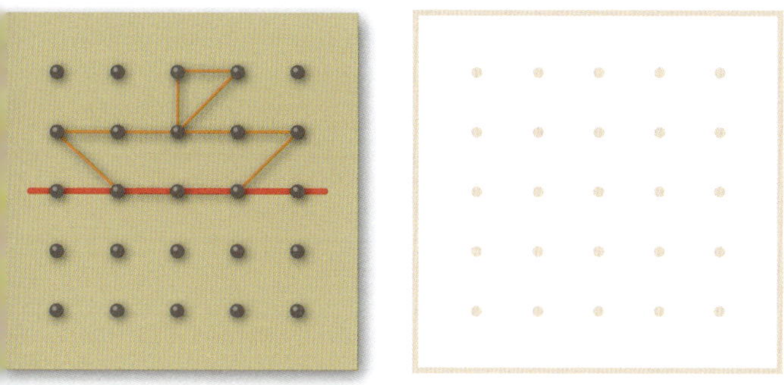

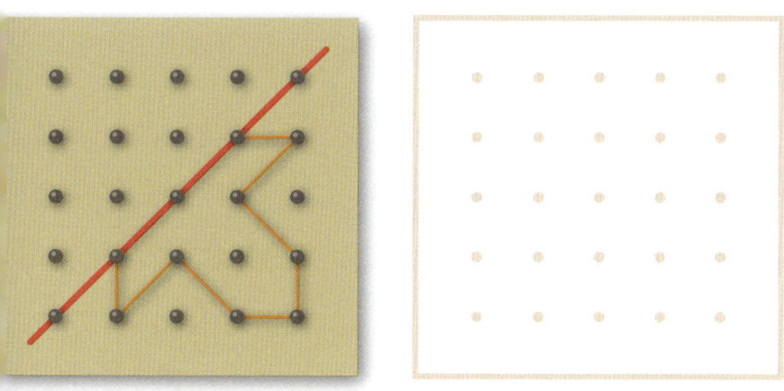

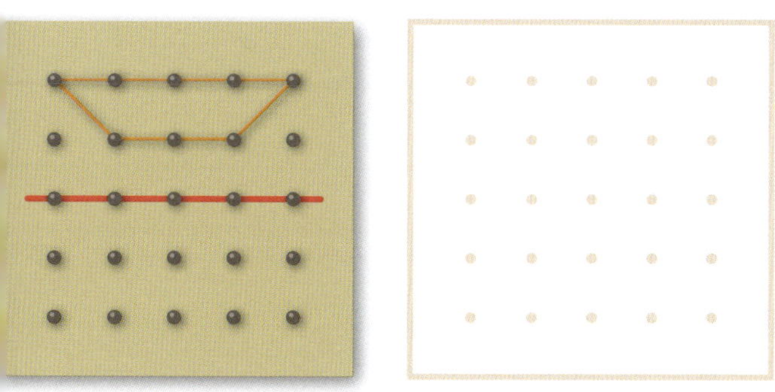

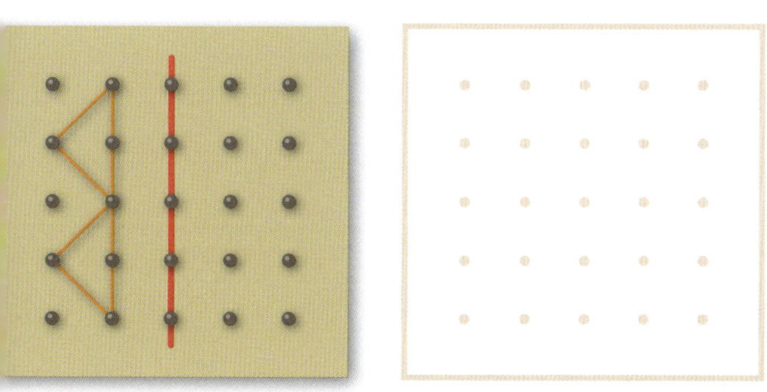

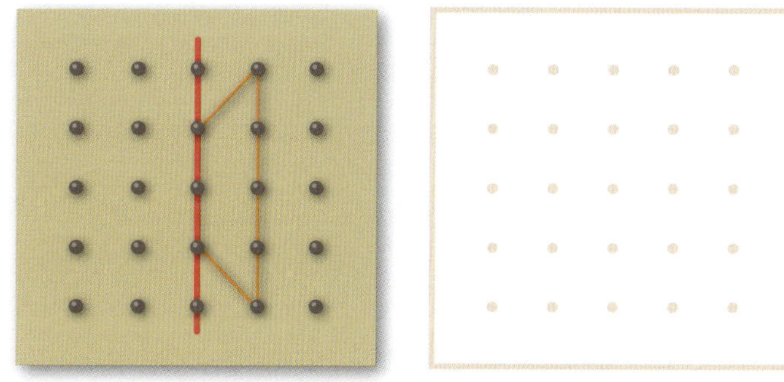

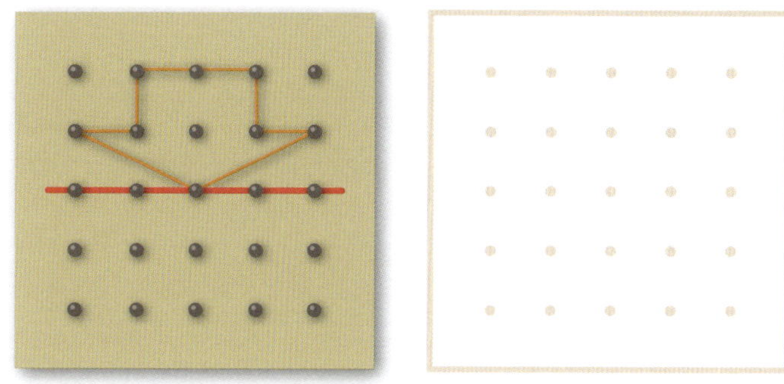

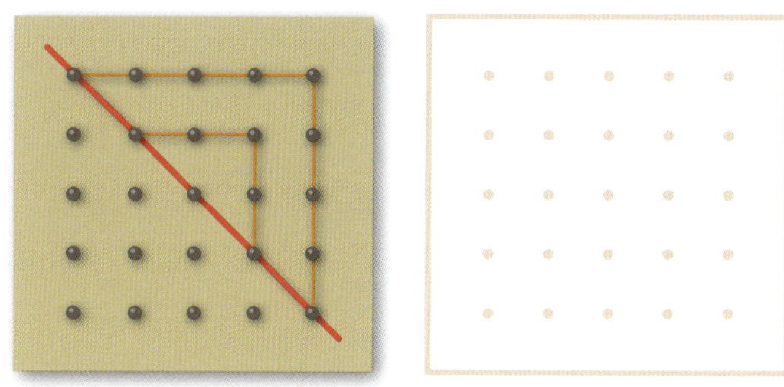

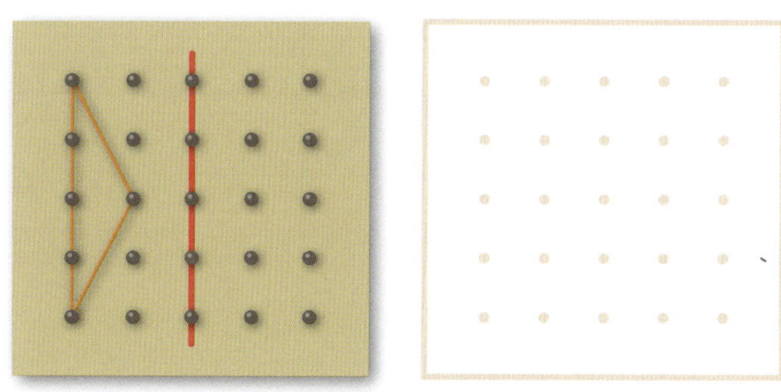

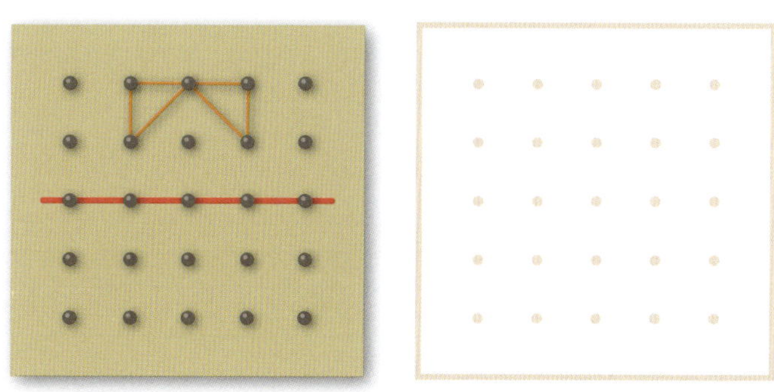

Benutze dein Geodreieck für die Spiegelungen! Spiegele erst die Eckpunkte und verbinde dann!

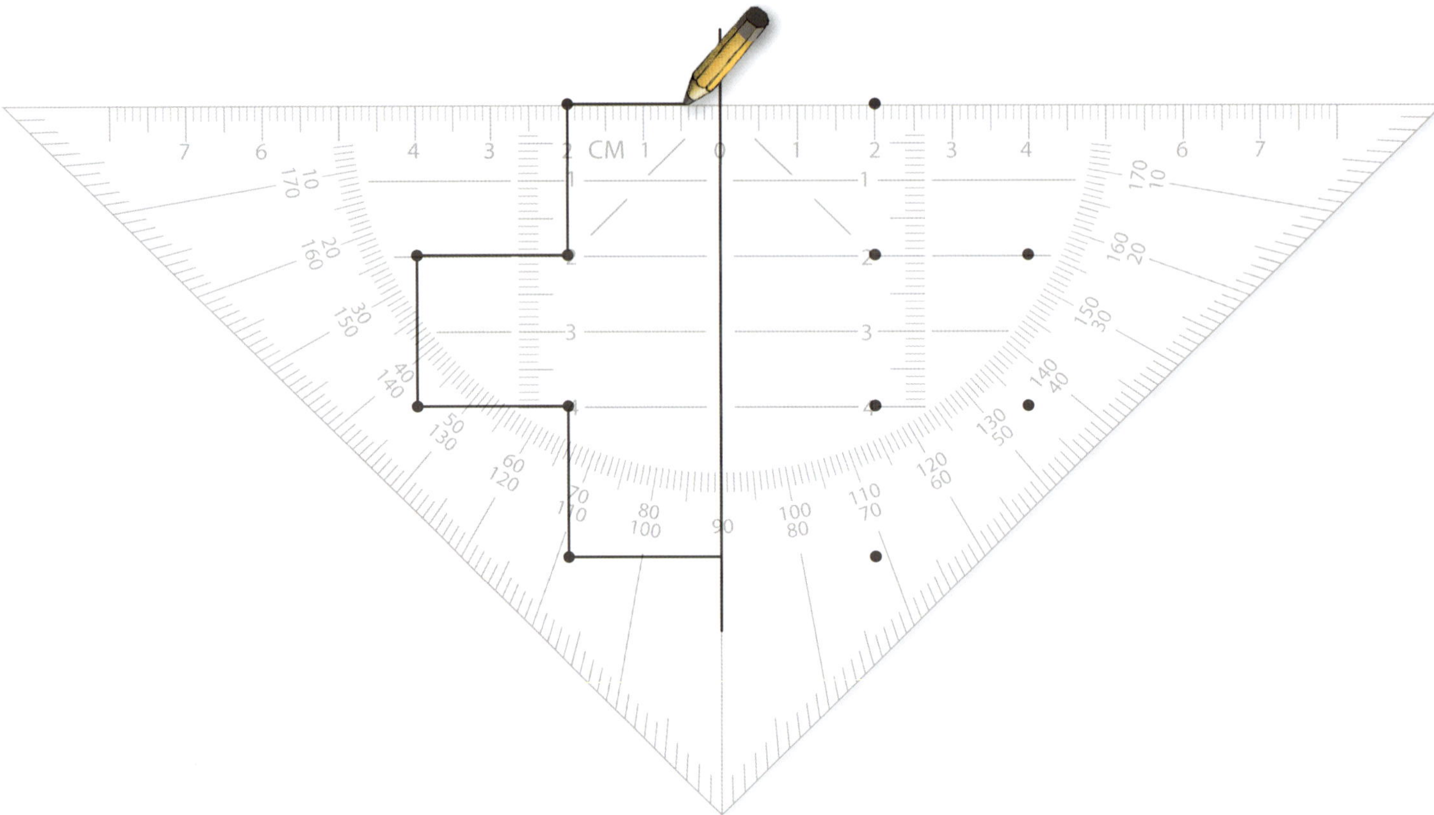

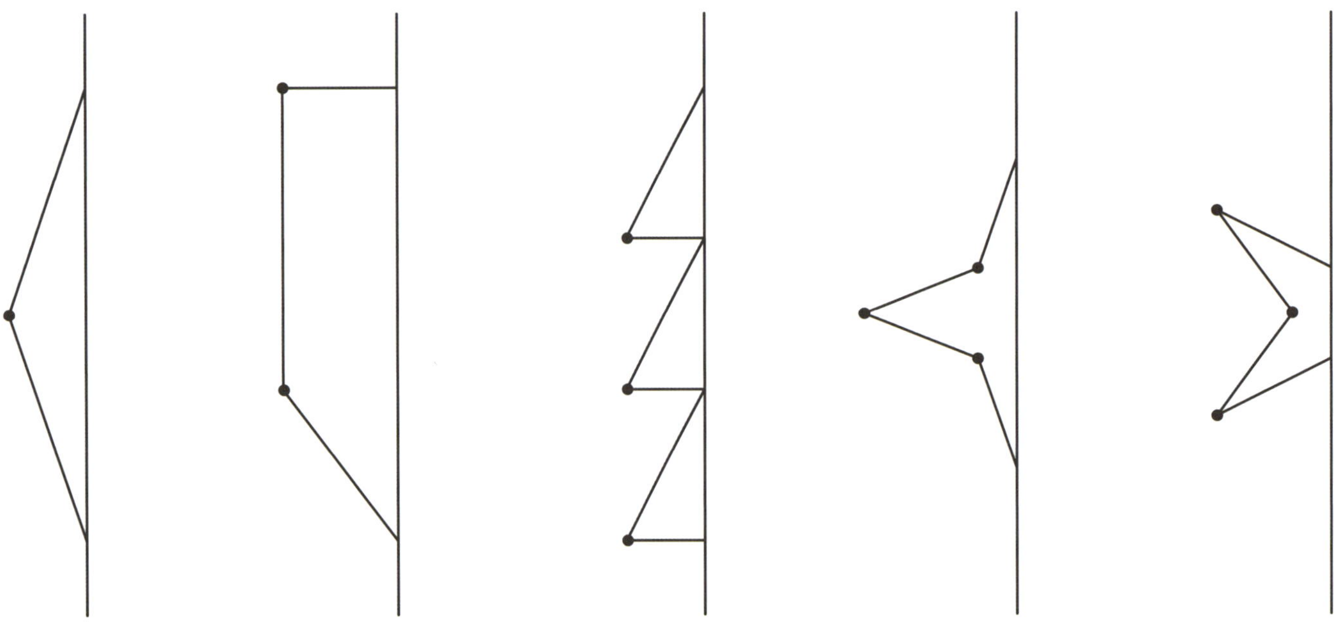

Spiegele deinen Namen!

____________________ → ____________________

Wie heißt du nun? ____________________

Hört sich das lustig an? ja ☐ nein ☐

 © sternchenverlag Gmb

Benenne folgende Flächen!

_______________ _______________ _______________ _______________

Kennzeichne rechte Winkel!

Zeichne mit dem Geodreieck ein Quadrat mit 3,5 cm Seitenlänge und ein Rechteck mit 5 cm und 3 cm Seitenlänge!

Berechne den Flächeninhalt!

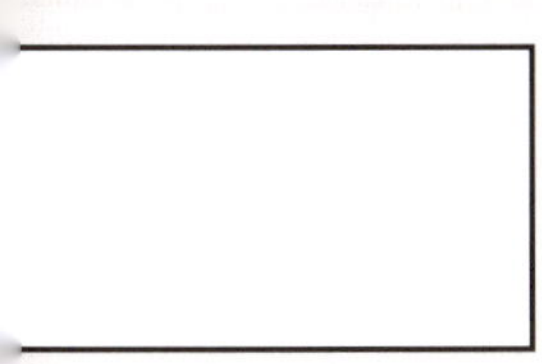

____

Fläche:

Berechne den Umfang!

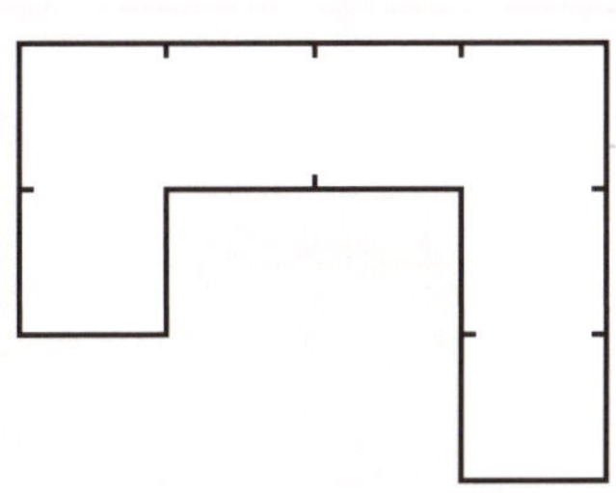

____

Umfang:

	1	2	3	4	5	6	7	8	9	10	11	12	13	14	15
A						✚								✦	
B				★					●			▲			
C	♠														
D								✱							✳
E							♣			✤					
F			✖										◆		

✚ ☐ ☐ ✱ ☐ ☐ ▲ ☐ ☐

✦ ☐ ☐ ★ ☐ ☐ ● ☐ ☐

✤ ☐ ☐ ✖ ☐ ☐ ◆ ☐ ☐

♠ ☐ ☐ ✳ ☐ ☐ ♣ ☐ ☐

Fülle die Tabelle aus!

	Name	Anzahl der Ecken	Anzahl der Kanten	Anzahl der Flächen

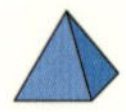				

Welches dieser Netze lässt sich zu einem Würfel falten? Kreuze an!

① 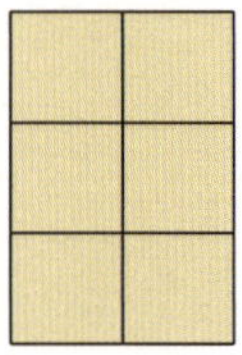

② 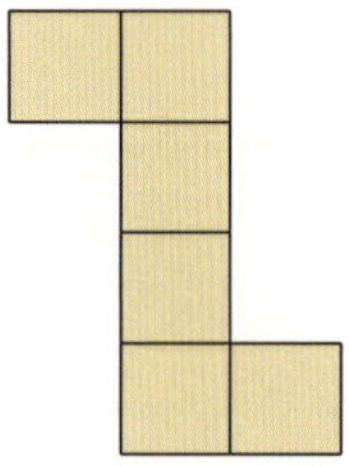

③ 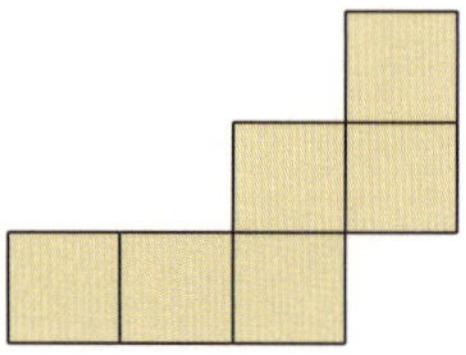

④ 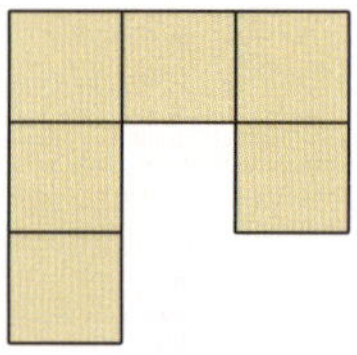

⑤ 

Zeichne die Spiegelbilder! Benutze ein Geodreieck und einen spitzen Bleistift!

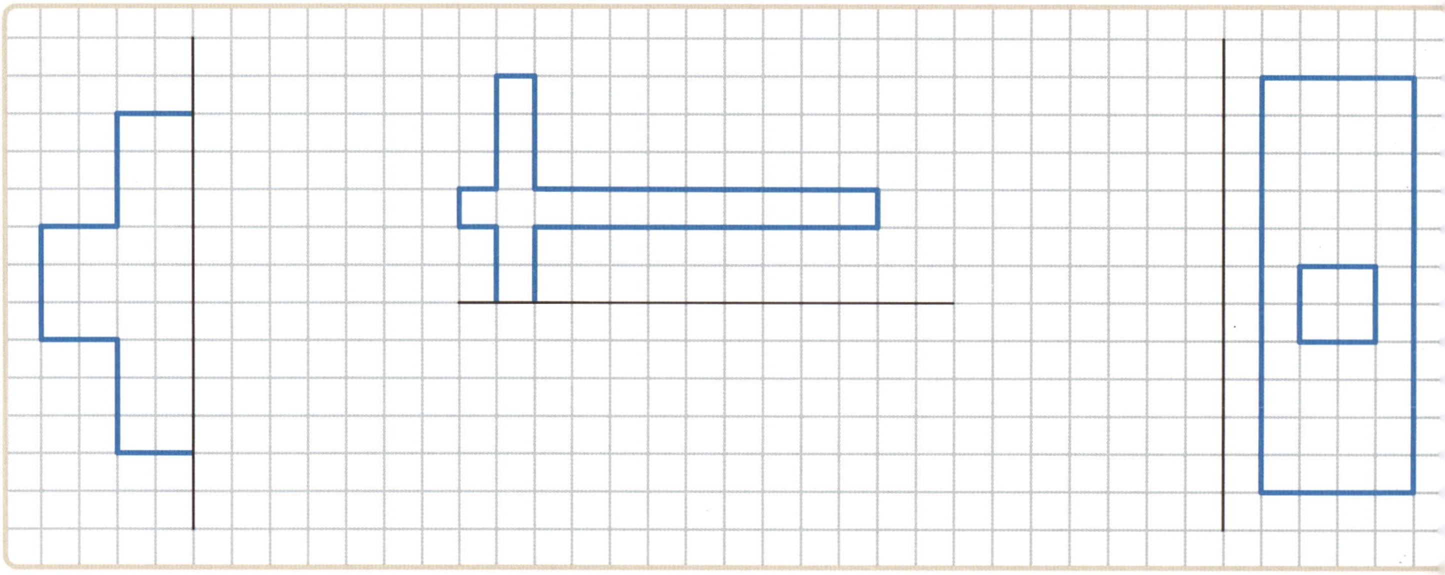

Zeichnest du gern? ja ☐ nein ☐

Was zeichnest du am liebsten? ____________________

© sternchenverlag Gm